別冊 問題編

大学入試 全レベル問題集

数学 I+A+II+B+C

2 共通テストレベル

三訂版

Obunsha

問 題 編

目　次

第1章 数と式

1 ✓ Check Box ☐☐ 解答は別冊 p.10

整式
$$A = 6x^2 + 5xy + y^2 + 2x - y - 20$$
を因数分解すると
$$A = (\boxed{\text{ア}}\,x + y + \boxed{\text{イ}})(\boxed{\text{ウ}}\,x + y - \boxed{\text{エ}})$$
となる.

$x = -1,\ y = \dfrac{2}{3 - \sqrt{7}}$ のとき，A の値は $\boxed{\text{オカキ}}$ である.

（'09 センター試験）

2 ✓ Check Box ☐☐ 解答は別冊 p.12

$a = \dfrac{1 + \sqrt{3}}{1 + \sqrt{2}},\ b = \dfrac{1 - \sqrt{3}}{1 - \sqrt{2}}$ とおく.

(1) $ab = \boxed{\text{ア}}$

  $a + b = \boxed{\text{イ}}(\boxed{\text{ウエ}} + \sqrt{\boxed{\text{オ}}})$

  $a^2 + b^2 = \boxed{\text{カ}}(\boxed{\text{キ}} - \sqrt{\boxed{\text{ク}}})$

である.

(2) $ab = \boxed{\text{ア}}$ と $a^2 + b^2 + 4(a + b) = \boxed{\text{ケコ}}$ から，a は
  $$a^4 + \boxed{\text{サ}}\,a^3 - \boxed{\text{シス}}\,a^2 + \boxed{\text{セ}}\,a + \boxed{\text{ソ}} = 0$$
を満たすことがわかる.

（'14 センター試験）

3 ✓Check Box □□ 解答は別冊 p.14

$\alpha = \dfrac{\sqrt{7}-\sqrt{3}}{\sqrt{7}+\sqrt{3}}$ とする．α の分母を有理化すると

$$\alpha = \frac{\boxed{\text{ア}}-\sqrt{\boxed{\text{イウ}}}}{\boxed{\text{エ}}}$$

となる．

2 次方程式 $6x^2-7x+1=0$ の解は

$$x = \frac{\boxed{\text{オ}}}{\boxed{\text{カ}}},\ \boxed{\text{キ}}$$

である．

次の ⓪～③ の数のうち最も小さいものは $\boxed{\text{ク}}$ である．

⓪ $\dfrac{\boxed{\text{ア}}-\sqrt{\boxed{\text{イウ}}}}{\boxed{\text{エ}}}$

① $\dfrac{\boxed{\text{エ}}}{\boxed{\text{ア}}-\sqrt{\boxed{\text{イウ}}}}$

② $\dfrac{\boxed{\text{オ}}}{\boxed{\text{カ}}}$

③ $\boxed{\text{キ}}$

（'10 センター試験）

4 ✓Check Box □□ 解答は別冊 p.16

(1) 等式 $|2x-3|=5$ を満たす x の値は $\boxed{\text{アイ}}$ と $\boxed{\text{ウ}}$ である．

(2) 不等式 $\left|x-\dfrac{3}{2}\right|<\sqrt{6}$ を満たす整数 x の個数は $\boxed{\text{エ}}$ である．

(3) n が自然数で，不等式 $\left|x-\dfrac{3}{2}\right|<n$ を満たす整数 x の個数が 6 であるとき $n=\boxed{\text{オ}}$ である．

（'06 センター追試）

方程式

$$2(x-2)^2 = |3x-5| \quad \cdots\cdots ①$$

の解の個数を調べる方法として，次の2つの方針が考えられる．

【方針1】

方程式①の解を，$x < \dfrac{\boxed{ア}}{\boxed{イ}}$，$x \geqq \dfrac{\boxed{ア}}{\boxed{イ}}$ の場合に場合分けして求める．

【方針2】

$y = 2(x-2)^2$ と $y = |3x-5|$ のグラフを考え，その共有点を考える．

---

(1) 【方針1】において，方程式①の解のうち，$x < \dfrac{\boxed{ア}}{\boxed{イ}}$ を満たす解は

$$x = \boxed{ウ}, \quad \frac{\boxed{エ}}{\boxed{オ}}$$

である．

また，①を満たす x のうち最大の数を α とすると，$m \leqq \alpha < m+1$ を満たす整数 m は $\boxed{カ}$ である．

(2) 【方針2】において，$y = |3x-5|$ のグラフを描くと，$\boxed{キ}$ のグラフになる．

ただし，$\boxed{キ}$ には，次の⓪〜③の中から1つ選んでマークせよ．

⓪   ①   ②   ③

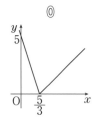 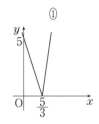 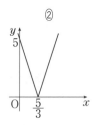 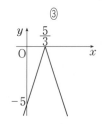

(3) 【方針1】または【方針2】の方法を用いると①の解の個数は $\boxed{ク}$ 個であることがわかる．

6

✓ Check Box ☐☐ 　解答は別冊 p.20 ▶

ある鉄道の現在の旅客運賃計算規則は,

距離が 300 km 以下のときは 1 km につき, 16.2 円 (16 円 20 銭)

距離が 300 km を超過した分に関しては, 1 km につき, 12.85 円 (12 円 85 銭)

(1) 現在の, 距離が 319 km のときの運賃は $\boxed{\text{アイウエ}}$ 円であり, 349 km のときの運賃は $\boxed{\text{オカキク}}$ 円である. ただし, その計算結果において, 10 円未満の端数は 10 円に切り上げるものとする.

(2) 昭和 41 年の旅客運賃表を見ると, 距離が 319 km, 349 km のときの運賃はそれぞれ 970 円, 1010 円であった. ただし, その計算結果において, 10 円未満の端数は 10 円に切り上げるものとする.

太郎：運賃もずいぶん上がったんだね. 50 年以上前だもんね. ところで, このときの運賃計算規則はどうなってたんだろう.

花子：距離が 300 km 以下のときは 1 km につき a 円, 距離が 300 km を超過した分に関しては, 1 km につき b 円とするよ. 計算結果は, 10 円未満の端数を切り上げていることに注意すると

319 km の運賃が 970 円だから,

$$960 < 300a + 19b \leqq 970 \quad \cdots\cdots ①$$

349 km の運賃が 1010 円だから,

$$1000 < 300a + 49b \leqq 1010 \quad \cdots\cdots ②$$

これより,

①は $\dfrac{960 - 300a}{19} < b \leqq \dfrac{970 - 300a}{19}$

②は $\dfrac{1000 - 300a}{49} < b \leqq \dfrac{1010 - 300a}{49}$

と変形できるから, これらが共通範囲をもつ条件を考えればいいね.

$A < B$, $C < D$ とするとき, 2 つの区間 $A < x \leqq B$, $C < x \leqq D$ が共通範囲をもつ条件は $\boxed{\text{ケ}}$ である.

⓪ 　$C < B$ または $A < D$ 　　　　① 　$C < B$ かつ $A < D$

② 　$A < C$ または $B < D$ 　　　　③ 　$A < C$ かつ $B < D$

(3) a, b はともに 0.1 の倍数とする. このとき,

太郎：$\boxed{\text{ケ}}$ を利用すれば, a は $\boxed{\text{コ}}.\boxed{\text{サ}}$ 円, b は 1.6 円だね.

5

第2章 集合と論理

7 ✓Check Box ☐☐ 解答は別冊 p.22

(1) (i)〜(iii)の各 ☐ に入る用語として最も適当なものを次の ⓪〜⑧ の中から 1 つずつ選べ.

⓪ 偽 　① 真 　② 真偽不明 　③ かつ 　④ または

⑤ ならば 　⑥ 否定 　⑦ 対偶 　⑧ 逆

(i) 命題「$a=2$ ならば『$a=1$ または $a=2$』」は ア である.

(ii) 三角形の 1 つの頂角の大きさ θ について,
命題「$\sin\theta=1$ ならば $\theta=90°$」の イ は「$\theta\neq90°$ ウ $\sin\theta\neq1$」である.

(iii) 実数 a, b について,
条件「$a^2=1$ かつ $b=2$」の エ は「『$a\neq1$ オ $a\neq-1$』 カ $b\neq2$」である.

(2) 「すべての生徒が, 受験した大学のうちどこかに合格した.」の否定は キ である. ただし, キ については, 下の ⓪〜③ から選んでマークせよ.

⓪ 受験したどこかの大学に合格しなかった生徒がいる.

① 受験したすべての大学に合格しなかった生徒がいる.

② すべての生徒が, 受験した大学すべてに合格できなかった.

③ すべての生徒が, 受験したどこかの大学に合格できなかった.

8 ✓Check Box ☐☐ 解答は別冊 p.24

集合 U を $U=\{n\,|\,n$ は $5<\sqrt{n}<6$ を満たす自然数$\}$ で定め, また, U の部分集合 P, Q, R, S を次のように定める.

$P=\{n\,|\,n\in U$ かつ n は 4 の倍数$\}$, 　　$Q=\{n\,|\,n\in U$ かつ n は 5 の倍数$\}$

$R=\{n\,|\,n\in U$ かつ n は 6 の倍数$\}$, 　　$S=\{n\,|\,n\in U$ かつ n は 7 の倍数$\}$

全体集合を U とする. 集合 P の補集合を $\overline{P}$ で表し, 同様に Q, R, S の補集合をそれぞれ $\overline{Q}$, $\overline{R}$, $\overline{S}$ で表す.

(1) U の要素の個数は $\boxed{\text{アイ}}$ 個である．また，次の $\textcircled{0}$ 〜 $\textcircled{4}$ のうち，「30 のみを要素にもつ集合は集合 U の部分集合である」という命題を，記号を用いて表したものは $\boxed{\text{ウ}}$ である．

$\textcircled{0}$　$30 \in U$　　$\textcircled{1}$　$\{30\} \in U$　　$\textcircled{2}$　$30 \subset U$　　$\textcircled{3}$　$\{30\} \subset U$　　$\textcircled{4}$　$\{30\} \cap U$

(2) 次の $\textcircled{0}$ 〜 $\textcircled{4}$ で与えられた集合のうち，空集合であるものは $\boxed{\text{エ}}$，$\boxed{\text{オ}}$ である．

$\textcircled{0}$　$P \cap R$　　$\textcircled{1}$　$P \cap S$　　$\textcircled{2}$　$Q \cap R$　　$\textcircled{3}$　$P \cap \overline{Q}$　　$\textcircled{4}$　$R \cap \overline{Q}$

(3) 次の $\textcircled{0}$ 〜 $\textcircled{4}$ のうち，部分集合の関係について成り立つものは $\boxed{\text{カ}}$，$\boxed{\text{キ}}$ である．

$\textcircled{0}$　$P \cup R \subset \overline{Q}$　　　　$\textcircled{1}$　$S \cap \overline{Q} \subset P$　　　　$\textcircled{2}$　$\overline{Q} \cap S \subset \overline{P}$
$\textcircled{3}$　$\overline{P} \cup \overline{Q} \subset \overline{S}$　　　　$\textcircled{4}$　$\overline{R} \cap \overline{S} \subset \overline{Q}$

（'14 センター試験・改）

9 ✔ Check Box □□□　解答は別冊 p.26

　次の文中の $\boxed{}$ に当てはまるものを，下の $\textcircled{0}$ 〜 $\textcircled{3}$ からそれぞれ選べ．ただし，同じものを繰り返し選んでもよい．

(1) 集合 A，B について，$A \cup B = A$ は，$A \cap B = B$ であるための $\boxed{\text{ア}}$．

(2) a，b を実数とするとき，a，b がともに有理数であることは，$a + b$，ab がともに有理数であるための $\boxed{\text{イ}}$．

(3) x を実数とする．x が無理数であることは，$\sqrt{2}\,x$ が有理数であるための $\boxed{\text{ウ}}$．ただし，$\sqrt{2}$，$\sqrt{3}$，$\sqrt{6}$ が無理数であることを用いてよい．

(4) 条件 p は条件 q の十分条件，条件 r は条件 q の必要条件，条件 r は条件 p の十分条件，条件 p は条件 s の必要条件とする．このとき，

　　　　p は r であるための $\boxed{\text{エ}}$．
　　　　q は s であるための $\boxed{\text{オ}}$．

$\textcircled{0}$　必要十分条件である

$\textcircled{1}$　必要条件であるが，十分条件でない

$\textcircled{2}$　十分条件であるが，必要条件でない

$\textcircled{3}$　必要条件でも十分条件でもない

実数 a に関する条件 p, q, r を次のように定める.

$$p：a^2 \geqq 2a+8, \quad q：a \leqq -2 \ \text{または} \ a \geqq 4, \quad r：a \geqq 5$$

(1) 次の $\boxed{ア}$ に当てはまるものを，下の ⓪～③ のうちから 1 つ選べ.

   q は p であるための $\boxed{ア}$.

   ⓪ 必要十分条件である

   ① 必要条件であるが，十分条件でない

   ② 十分条件であるが，必要条件でない

   ③ 必要条件でも十分条件でもない

(2) 条件 q の否定を $\bar{q}$，条件 r の否定を $\bar{r}$ で表す.

   次の $\boxed{イ}$, $\boxed{ウ}$ に当てはまるものを，下の ⓪～③ のうちから 1 つずつ選べ.
   ただし，同じものを繰り返し選んでもよい.

   命題「p ならば $\boxed{イ}$」は真である.

   命題「$\boxed{ウ}$ ならば p」は真である.

   ⓪ q かつ $\bar{r}$ ① q または $\bar{r}$ ② $\bar{q}$ かつ $\bar{r}$ ③ $\bar{q}$ または $\bar{r}$

（'09 センター試験）

次の $\boxed{ア}$〜$\boxed{エ}$ に当てはまるものを，下の⓪〜③のうちから1つずつ選べ．ただし，同じものを繰り返し選んでもよい．

自然数 m, n について，条件 p, q, r を次のように定める．

p：$m+n$ は2で割り切れる

q：n は4で割り切れる

r：m は2で割り切れ，かつ n は4で割り切れる

また，条件 p の否定を $\overline{p}$，条件 r の否定を $\overline{r}$ で表す．このとき

p は r であるための $\boxed{ア}$．

$\overline{p}$ は $\overline{r}$ であるための $\boxed{イ}$．

「p かつ q」は r であるための $\boxed{ウ}$．

「p または q」は r であるための $\boxed{エ}$．

⓪ 必要十分条件である

① 必要条件であるが，十分条件でない

② 十分条件であるが，必要条件でない

③ 必要条件でも十分条件でもない

（'08 センター試験）

ある日，太郎さんと花子さんのクラスでは，数学の授業で先生から次のような宿題が出された．

> 実数 a，b に関する条件 p，q を次のように定める．
>
> $\quad p:(a+b)^2+(a-2b)^2<5$
>
> $\quad q:|a+b|<1$ または $|a-2b|<2$
>
> このとき，条件 p は条件 q の何条件になるか調べなさい．

放課後，太郎さんと花子さんは出された宿題について会話をした．2人の会話を読んで，以下の問いに答えよ．

> 太郎：まず $q \implies p$ について考えてみよう．
> 花子：成り立つことは，証明が必要だけど，成り立たないことは，反例を1つ見つければよかったのよね．

(1) 次の⓪～③のうち，命題「$q \implies p$」に対する反例になっているのは $\boxed{\text{ア}}$ である．

⓪ $a=0$, $b=0$　　　　　① $a=1$, $b=0$

② $a=0$, $b=1$　　　　　③ $a=1$, $b=1$

> 太郎：これで，命題 $q \implies p$ は偽であることがわかったね．$p \implies q$ はどうだろう．
> 花子：いろいろ代入してみたけど，反例が見つからないわ．成り立ちそうだけど，どうやって証明すればいいんだろう？
> 太郎：直接証明するのは難しそうだね．そんなときは，背理法や対偶証明法を使うといいってD先生がいっていたよね．

(2) 背理法は命題を否定して矛盾を導く論法である．背理法を用いて，問題の $p \implies q$ が真であることを証明する場合，どのようなことを示せばよいか，次の⓪～③から1つ選んで，$\boxed{\text{イ}}$ にマークせよ．

⓪ $p \implies \bar{q}$ として矛盾を導く．

① p かつ $\bar{q}$ として矛盾を導く．

② p または $\bar{q}$ として矛盾を導く．

③ $\bar{q} \implies \bar{p}$ を証明する．

(3) 対偶証明法について，以下の問いに答えよ．

命題「$p \implies q$」の対偶は「$\boxed{ウ} \implies \boxed{エ}$」である．

$\boxed{ウ}$，$\boxed{エ}$ に当てはまるものを，次の⓪～⑦のうちから1つずつ選べ．

⓪ $|a+b|<1$ かつ $|a-2b|<2$ ① $(a+b)^2+(a-2b)^2<5$

② $|a+b|<1$ または $|a-2b|<2$ ③ $(a+b)^2+(a-2b)^2 \leqq 5$

④ $|a+b| \geqq 1$ かつ $|a-2b| \geqq 2$ ⑤ $(a+b)^2+(a-2b)^2>5$

⑥ $|a+b| \geqq 1$ または $|a-2b| \geqq 2$ ⑦ $(a+b)^2+(a-2b)^2 \geqq 5$

花子：背理法でも，対偶証明法でも $p \implies q$ が真であることを証明できるわね．だから，p は q であるための $\boxed{オ}$ ということがわかるわ．

---

(4) $\boxed{オ}$ に当てはまるものを，次の⓪～③のうちから1つ選べ．

⓪ 必要十分条件である

① 必要条件であるが，十分条件ではない

② 十分条件であるが，必要条件ではない

③ 必要条件でも十分条件でもない

13 ✓ Check Box □□ 解答は別冊 p.34

鋭角三角形 ABC において，$\cos\angle\mathrm{CBA}=\dfrac{1}{\sqrt{5}}$，$\sin\angle\mathrm{ACB}=\dfrac{3}{5}$ である．このとき，$\tan\angle\mathrm{CBA}=\boxed{\text{ア}}$，$\tan\angle\mathrm{ACB}=\dfrac{\boxed{\text{イ}}}{\boxed{\text{ウ}}}$ である．点 A から BC に下ろした垂線の足を H とするとき，HB＝3 なら，HC＝$\boxed{\text{エ}}$ である．

14 ✓ Check Box □□ 解答は別冊 p.36

太郎さんと花子さんのクラスでは，数学の授業で先生から次の問題が宿題として出された．下の問いに答えよ．

> 鋭角三角形 ABC において，AB＝4，AC＝6，辺 BC を 1：2 の比に内分する点を D とする．
> 　2 点 D，C から辺 AB に下ろした垂線と AB との交点をそれぞれ E，G とし，点 D から辺 AC に下ろした垂線と AC の交点を F とする．
> 　∠BAC の大きさを A で表すとき，三角形 DEF の面積を A を用いて表せ．

(1)
> 太郎：三角形の面積公式を利用したらよさそうだね．
> 花子：まず DE の長さから求めようか．三角比の定義を用いると，
>
> 　　　　$\mathrm{CG}=\boxed{\text{ア}}\sin A$，さらに，$\mathrm{DE}=\dfrac{\boxed{\text{イ}}}{\boxed{\text{ウ}}}\mathrm{CG}$ だから，$\mathrm{DE}=\boxed{\text{エ}}\sin A$
>
> 　　となるわね．
> 太郎：DF の長さは，同じようにすると，$\dfrac{\boxed{\text{オ}}}{\boxed{\text{カ}}}\sin A$ となるから，△DEF
>
> 　　の面積を A を用いて表すと $\dfrac{\boxed{\text{キ}}}{\boxed{\text{ク}}}\sin^3 A$ となる．

(2) 特に，BE＝1 のとき，$\sin A=\dfrac{\sqrt{\boxed{\text{ケコ}}}}{\boxed{\text{サ}}}$ となり，△DEF の面積は

　　$\dfrac{\boxed{\text{シス}}\sqrt{\boxed{\text{セソ}}}}{\boxed{\text{タチ}}}$ である．

✔Check Box ▢▢ 解答は別冊 p.38

三角形 ABC において, AB＝4, AC＝5, ∠A＝60° とする.

(1) BC＝$\sqrt{\boxed{アイ}}$ である.

(2) △ABC の面積は $\boxed{ウ}\sqrt{\boxed{エ}}$ である.

(3) △ABC の外接円の半径は $\sqrt{\boxed{オ}}$,

内接円の半径は $\dfrac{\boxed{カ}\sqrt{\boxed{キ}}-\sqrt{\boxed{ク}}}{2}$ である.

(4) ∠A の二等分線と辺 BC との交点をD とするとき, AD の長さは

$\dfrac{\boxed{ケコ}\sqrt{\boxed{サ}}}{\boxed{シ}}$ である.

✔Check Box ▢▢ 解答は別冊 p.40

四角形 ABCD は円Oに内接していて AB＝3, BC＝7, CD＝7, DA＝5 とする.

∠A＝$\boxed{アイウ}$° であり, BD＝$\boxed{エ}$, AC＝$\boxed{オ}$ である. また, 三角形 ABD の面積は $\dfrac{\boxed{カキ}\sqrt{\boxed{ク}}}{\boxed{ケ}}$ であり, 対角線 AC, BD の交点をEとするとき, AE：EC＝$\boxed{コサ}$：$\boxed{シス}$ となる.

以下の問題を解答するにあたっては，必要に応じて巻末の三角比の表を用いてもよい．

火災時に，ビルの高層階に取り残された人を救出する際，はしご車を使用することがある．

図1のはしご車で考える．はしごの先端を A，はしごの支点を B とする．はしごの角度（はしごと水平面のなす角の大きさ）は 75° まで大きくすることができ，はしごの長さ AB は 35 m まで伸ばすことができる．また，はしごの支点 B は地面から 2 m の高さにあるとする．

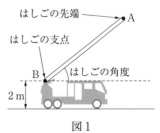

図1

以下，はしごの長さ AB は 35 m に固定して考える．また，はしごは太さを無視して線分とみなし，はしご車は水平な地面上にあるものとする．

(1) はしごの先端 A の最高到達点の高さは，地面から $\boxed{アイ}$ m である．小数第1位を四捨五入して答えよ．

(2) 図1のはしごは，図2のように，点 C で，AC が鉛直方向になるまで下向きに屈折させることができる．AC の長さは 10 m である．

図3のように，あるビルにおいて，地面から 26 m の高さにある位置を点 P とする．障害物のフェンスや木があるため，はしご車を BQ の長さが 18 m となる場所にとめる．ここで，点 Q は，点 P の真下で，点 B と同じ高さにある位置である．

このとき，はしごの先端 A が点 P に届くかどうかは，障害物の高さや，はしご車と障害物の距離によって決まる．そこで，このことについて，後の(i)，(ii)のように考える．

ただし，はしご車，障害物，ビルは同じ水平な地面上にあり，点 A，B，C，P，Q はすべて同一平面上にあるものとする．

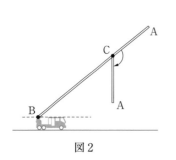

図2

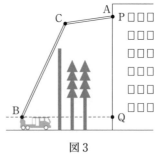

図3

(i) はしごを点Cで屈折させ，はしごの先端Aが点Pに一致したとすると，
∠QBC の大きさはおよそ $\boxed{ウ}$°になる．

$\boxed{ウ}$ については，最も適当なものを，次の⓪〜⑥のうちから1つ選べ．

⓪　53　　　　　①　56　　　　　②　59　　　　　③　63

④　67　　　　　⑤　71　　　　　⑥　75

(ii) はしご車に最も近い障害物はフェンスで，フェンスの高さは7m以上あり，
障害物の中で最も高いものとする．フェンスは地面に垂直で2点B，Qの間
にあり，フェンスとBQとの交点から点Bまでの距離は6mである．また，
フェンスの厚みは考えないとする．

このとき，次の⓪〜⑥のフェンスの高さのうち，図3のように，はしごが
フェンスに当たらずに，はしごの先端Aを点Pに一致させることができる最
大のものは，$\boxed{エ}$ である．

$\boxed{エ}$ の解答群

⓪　7 m　　　　①　10 m　　　　②　13 m　　　　③　16 m

④　19 m　　　　⑤　22 m　　　　⑥　25 m

（'22 共通テスト）

一辺の長さが 2 の正三角形 ABC と,その辺上を移動する 3 点 P,Q,R がある.
点 P,Q,R は,次の規則に従って移動する.

> - 最初,点 P は,B の位置にあり,辺 BC を B から C まで一定の速さで移動する.ただし,点 P は B,C 以外の点として考える.
> - 点 Q,R は,点 P の動きにともない,それぞれ辺 AB,AC 上を,
>   ∠BQP＝∠PRC＝90° となるように移動する.

次の問いに答えよ.

(1) BP＝2x (0＜x＜1) とおくと,AQ＝$\boxed{ア}-x$,AR＝$\boxed{イ}+x$ となり,
QR²＝$\boxed{ウ}x^2-\boxed{エ}x+\boxed{オ}$ である.

(2) 点 P が B から C まで動くときの線分 QR の長さとして,とり得ない値,1 回
だけとり得る値,2 回だけとり得る値は,次の ⓪～④ のうち何個あるか.

とり得ない値は $\boxed{カ}$ 個

1 回だけとり得る値は $\boxed{キ}$ 個

2 回だけとり得る値は $\boxed{ク}$ 個

ある.

⓪ $\sqrt{2}$　　① $\dfrac{3}{2}$　　② $\dfrac{8}{5}$　　③ $\sqrt{5}$　　④ $\dfrac{9}{4}$

(3) ∠PQR＝45° となるとき,∠PAR＝$\boxed{ケコ}$° であり,BQ＝$\boxed{サ}-\sqrt{\boxed{シ}}$ で
ある.

このとき,△PQR の面積は $\dfrac{\boxed{スセ}-\boxed{ソタ}\sqrt{\boxed{チ}}}{\boxed{ツ}}$ である.

19

✓ Check Box ☐☐ 解答は別冊 p.46

△ABC において，AB=3，BC=5，∠ABC=120° とする．

(1) このとき，AC=$\boxed{ア}$，sin∠ABC=$\dfrac{\sqrt{\boxed{イ}}}{\boxed{ウ}}$，sin∠BCA=$\dfrac{\boxed{エ}\sqrt{\boxed{オ}}}{\boxed{カキ}}$

である．

(2) 直線 BC 上に点Dを，AD=$3\sqrt{3}$ かつ ∠ADC が鋭角となるようにとる．点Pを線分 BD 上の点とし，△APC の外接円の半径をRとして，Rのとり得る値の範囲を求めたい．

─【方針1】─────────────────────────
　△APC において，正弦定理を用いると，$R=\dfrac{\boxed{ク}\sqrt{\boxed{ケ}}}{\boxed{コ}}$AP と表せることを利用する．

─【方針2】─────────────────────────
　点Pを線分$\boxed{サ}$と，AC を弦とする円との交点として捉え，△APC の外接円の半径Rの変化を考える．

　$\boxed{サ}$ については，次の⓪〜③の中から1つ選んでマークせよ．

⓪　AB　　　①　BD　　　②　CD　　　③　BC

　【方針1】または【方針2】を用いることにより，Rのとり得る値の範囲は

$\dfrac{\boxed{シ}}{\boxed{ス}} \leqq R \leqq \boxed{セ}$ である．

20

✓ Check Box ☐☐ 解答は別冊 p.48

　四面体 ABCD は AB=6，BC=$\sqrt{13}$，AD=BD=CD=CA=5 を満たしているとする．

(1) 三角形 ABC の面積は $\boxed{ア}$ であり，三角形 ABC の外接円の半径は

$\dfrac{\boxed{イ}\sqrt{\boxed{ウエ}}}{\boxed{オ}}$ である．

(2) 点Dから三角形 ABC を含む平面に下ろした垂線の足をHとすると，点Hは三角形 ABC の $\boxed{カ}$ である．ただし，$\boxed{カ}$ は下の⓪〜③から1つ選べ．

⓪　内心　　　①　外心　　　②　重心　　　③　垂心

(3) 四面体 ABCD の体積は $\dfrac{\boxed{キ}\sqrt{\boxed{クケ}}}{\boxed{コ}}$ である．

第4章 2次関数

21 ✓Check Box ☐☐ 解答は別冊 p.50

(1) 2次関数 $y=ax^2+bx+c$ のグラフを x 軸に関して対称移動し，さらにそれを x 軸方向に -1，y 軸方向に 3 だけ平行移動したところ $y=2x^2$ のグラフが得られた．このとき，$a=\boxed{アイ}$，$b=\boxed{ウ}$，$c=\boxed{エ}$ である．

(2) 2次関数 $y=px^2+qx+r$ のグラフの頂点は $(3,-8)$ であるとする．このとき
$$q=\boxed{オカ}\,p, \quad r=\boxed{キ}\,p-\boxed{ク}$$
である．さらに，$y<0$ となる x の範囲が $k<x<k+4$ であるとすれば
$$k=\boxed{ケ}, \quad p=\boxed{コ}$$
である．

（'97 センター追試）

22 ✓Check Box ☐☐ 解答は別冊 p.52

数学の授業で，2次関数 $y=ax^2+bx+c$ についてコンピュータのグラフ表示ソフトを用いて考察している．

このソフトでは，図1の画面上の $\boxed{A}$，$\boxed{B}$，$\boxed{C}$ にそれぞれ係数 a, b, c の値を入力すると，その値に応じたグラフが表示される．さらに，$\boxed{A}$，$\boxed{B}$，$\boxed{C}$ それぞれの下にある • を左に動かすと係数の値が減少し，右に動かすと係数の値が増加するようになっており，値の変化に応じて2次関数のグラフが座標平面上を動く仕組みになっている．

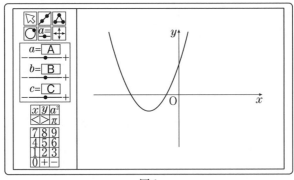

図1

また，座標平面は x 軸，y 軸によって 4 つの部分に分けられる．これらの各部分を「象限」といい，右の図のようにそれぞれ「第 1 象限」「第 2 象限」「第 3 象限」「第 4 象限」という．ただし，座標軸上の点は，どの象限にも属さないものとする．

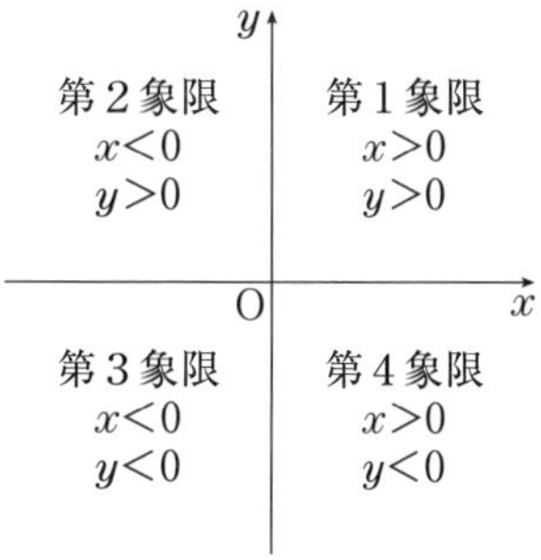

このとき，次の問いに答えよ．

	y	
第 2 象限 $x<0$ $y>0$		第 1 象限 $x>0$ $y>0$
	O	x
第 3 象限 $x<0$ $y<0$		第 4 象限 $x>0$ $y<0$

(1) はじめに，図 1 の画面のように，頂点が第 3 象限にあるグラフが表示された．このときの a，b，c の値の組合せとして最も適当なものを，右の ⓪ 〜 ⑤ のうちから 1 つ選べ． $\boxed{\text{ア}}$

このとき，この 2 次関数は，$-5 \leqq x \leqq 1$ において，$x = \boxed{\text{イウ}}$ のとき，最小値 $\dfrac{\boxed{\text{エオ}}}{\boxed{\text{カ}}}$ をとり，$x = \boxed{\text{キ}}$ のとき，最大値 $\dfrac{\boxed{\text{クケ}}}{\boxed{\text{コ}}}$ をとる．

	a	b	c
⓪	2	1	3
①	2	-1	3
②	-2	3	-3
③	$\dfrac{1}{2}$	3	3
④	$\dfrac{1}{2}$	-3	3
⑤	$-\dfrac{1}{2}$	3	-3

(2) 次に，a，b の値を(1)の値のまま変えずに，c の値だけを変化させた．このときの頂点の移動について正しく述べたものを，次の ⓪ 〜 ③ のうちから 1 つ選べ． $\boxed{\text{サ}}$

⓪ 最初の位置から移動しない．

① x 軸方向に移動する．

② y 軸方向に移動する．

③ 原点を中心として回転移動する．

(3) また，b，c の値を(1)の値のまま変えずに，a の値だけをグラフが下に凸の状態を維持するように変化させた．このとき，頂点は，$a = \dfrac{b^2}{4c}$ のときは $\boxed{\text{シ}}$ にあり，それ以外のときは $\boxed{\text{ス}}$ を移動した．$\boxed{\text{シ}}$，$\boxed{\text{ス}}$ に当てはまるものを，次の ⓪ 〜 ⑧ のうちから 1 つずつ選べ．ただし，同じものを選んでもよい．

⓪ 原点

① x 軸上

② y 軸上

③ 第 3 象限のみ

④ 第 1 象限と第 3 象限

⑤ 第 2 象限と第 3 象限

⑥ 第 3 象限と第 4 象限

⑦ 第 2 象限と第 3 象限と第 4 象限

⑧ すべての象限

a を定数とし，2次関数 $y=f(x)=4x^2-4(a-1)x+a^2$ のグラフを C とする．

(1) C が点 $(1,\ 4)$ を通るとき，$a=\boxed{\text{ア}}$ である．

(2) C の頂点の座標は $\left(\dfrac{a-1}{\boxed{\text{イ}}},\ \boxed{\text{ウ}}\,a-\boxed{\text{エ}}\right)$ である．

(3) 下の $\boxed{\text{オ}}$ には，次の $⓪$〜$④$ のうちから当てはまるものを1つ選べ．

$\quad ⓪\ >\qquad ①\ <\qquad ②\ ≧\qquad ③\ ≦\qquad ④\ ≒$

$-1≦x≦1$ における $f(x)$ の最大値が $f(-1)$ となるとき，$\boxed{\text{カ}}\boxed{\text{オ}}\,a$ である．

(4) $\boxed{\text{カ}}\boxed{\text{オ}}\,a$ を満たすときの，$y=f(x)$ の最大値，最小値を調べる．最小値は

$\qquad \boxed{\text{カ}}\boxed{\text{オ}}\,a≦\boxed{\text{キ}}$ ならば $2a-\boxed{\text{ク}}$

$\qquad a>\boxed{\text{キ}}$ ならば $a^2-4a+\boxed{\text{ケ}}$

である．また，最大値は $a^2+\boxed{\text{コ}}\,a$ である．最大値と最小値の差が12になる

のは，$a=-1+\boxed{\text{サ}}\sqrt{\boxed{\text{シ}}}$ のときである．

（'02 センター試験・改）

花子さんと太郎さんのクラスでは，文化祭でたこ焼き店を出店することになった．2人は1皿あたりの価格をいくらにするかを検討している．次の表は，過去の文化祭でのたこ焼き店の売り上げデータから，1皿あたりの価格と売り上げ数の関係をまとめたものである．

1皿あたりの価格（円）	200	250	300
売り上げ数（皿）	200	150	100

(1) まず，2人は，上の表から，1皿あたりの価格が50円上がると売り上げ数が50皿減ると考えて，売り上げ数が1皿あたりの価格の1次関数で表されると仮定した．このとき，1皿あたりの価格を x 円とおくと，売り上げ数は

$\qquad \boxed{\text{ア}}\boxed{\text{イ}}\boxed{\text{ウ}}-x\quad \cdots\cdots①$

と表される．

(2) 次に，2人は，利益の求め方について考えた．

> 花子：利益は，売り上げ金額から必要な経費を引けば求められるよ．
> 太郎：売り上げ金額は，1皿あたりの価格と売り上げ数の積で求まるね．
> 花子：必要な経費は，たこ焼き用器具の賃貸料と材料費の合計だね．材料費は，
> 　　　売り上げ数と1皿あたりの材料費の積になるね．

　　2人は，次の3つの条件のもとで，1皿あたりの価格 x を用いて利益を表すことにした．

（条件1）　1皿あたりの価格が x 円のときの売り上げ数として①を用いる．

（条件2）　材料は，①により得られる売り上げ数に必要な分量だけ仕入れる．

（条件3）　1皿あたりの材料費は160円である．たこ焼き用器具の賃貸料は6000円である．材料費とたこ焼き用器具の賃貸料以外の経費はない．

　　利益を y 円とおく．y を x の式で表すと
$$y = -x^2 + \boxed{エオカ}\,x - \boxed{キ} \times 10000 \quad \cdots\cdots ②$$
である．

(3) 太郎さんは利益を最大にしたいと考えた．②を用いて考えると，利益が最大になるのは1皿あたりの価格が $\boxed{クケコ}$ 円のときであり，そのときの利益は $\boxed{サシスセ}$ 円である．

(4) 花子さんは，利益を7500円以上となるようにしつつ，できるだけ安い価格で提供したいと考えた．②を用いて考えると，利益が7500円以上となる1皿あたりの価格のうち，最も安い価格は $\boxed{ソタチ}$ 円となる．

(5) 仕入れ先の都合で，100皿分の材料しか仕入れることができなかった．このとき，利益の最大値は $\boxed{ツテトナ}$ 円である．

（'21 共通テスト追試・改）

2次方程式 $x^2-2(p+2)x+2p+8=0$ ……(*) がある.

(1) (*)が重解をもつとき, p の値は

$$p=\boxed{アイ}\pm\sqrt{\boxed{ウ}}$$

である. 特に, $p=\boxed{アイ}+\sqrt{\boxed{ウ}}$ のとき, (*)は重解

$$\boxed{エ}+\sqrt{\boxed{オ}}$$

をもつ.

(2) (*)が異なる2つの実数解をもち, 解の差が4であるとき,

$$p=\boxed{カキ}\ \text{または}\ \boxed{ク}$$

である.

実数を係数とする2次方程式 $x^2-2ax+a+6=0$ について, 以下の問いに答えよ.

(1) 異なる2つの実数解をもつような a の範囲は $a<\boxed{アイ}$ または $\boxed{ウ}<a$ である.

(2) 1より大きい解を2つもつような a の値の範囲は $\boxed{エ}\leqq a<\boxed{オ}$ である.

(3) 正の解と負の解をもつような a の値の範囲は $a<\boxed{カキ}$ である.

x の2次不等式 $ax^2-2ax+2a-3<0$ ……(*) について考える.

$a=2$ のとき, (*)の解は

$$\frac{\boxed{ア}-\sqrt{\boxed{イ}}}{\boxed{ウ}}<x<\frac{\boxed{エ}+\sqrt{\boxed{オ}}}{\boxed{カ}}$$

であり, $a=\dfrac{\boxed{キ}}{\boxed{ク}}$ のとき, (*)の解は $-1<x<3$ である.

また, (*)がすべての実数 x に対して成り立つような a の値の範囲は, $a<\boxed{ケ}$, (*)を満たす実数 x が存在しない範囲は, $a\geqq\boxed{コ}$ である.

28 ✓ Check Box ☐☐ 解答は別冊 p.64

ある遊園地の来園者 60 組に，何人のグループで来園したかを聞いたところ，次の度数分布表が得られた．

グループの人数（人）	1	2	3	4	5	6	7
グループの数（組）	4	8	16	15	10	5	2

このとき，データの範囲は ア 人，グループの人数の最頻値は イ 人，中央値は ウ 人である．また，第 1 四分位数は エ 人，四分位偏差は オ 人，平均値は カ . キ 人である．

さらに，別の 40 組に聞いたところ，グループの人数の平均値が 4.4 人であった．このとき，最初の 60 組と合わせた 100 組のグループの人数の平均値は ク . ケコ 人である．

　世界 3 都市（東京，N 市，M 市）の 2013 年の 365 日の各日の最高気温のデータについて考える．

　次のヒストグラムは，東京，N 市，M 市のデータをまとめたもので，この 3 都市の箱ひげ図は下の a，b，c のいずれかである．

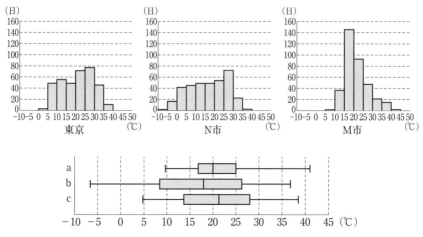

出典：『過去の気象データ』（気象庁Webページ）などにより作成

(1)　次の ［ ア ］ に当てはまるものを，下の ⓪〜⑤ のうちから 1 つ選べ．
　都市名と箱ひげ図の組合せとして正しいものは，［ ア ］ である．

- ⓪　東京—a，N 市—b，M 市—c
- ①　東京—a，N 市—c，M 市—b
- ②　東京—b，N 市—a，M 市—c
- ③　東京—b，N 市—c，M 市—a
- ④　東京—c，N 市—a，M 市—b
- ⑤　東京—c，N 市—b，M 市—a

(2)　次の ⓪〜④ のうち，正しくないものは ［ イ ］ 個ある．

- ⓪　ヒストグラムをもとにすると，M 市の最高気温の最頻値は 17.5℃ である．
- ①　M 市の年間の最高気温は，およそ 41℃ である．
- ②　データの範囲を基準にすると，東京より M 市の方が寒暖の差が大きい．
- ③　四分位範囲を基準にすると，東京より N 市の方が寒暖の差が大きい．
- ④　東京は，2013 年の 365 日のうち，最高気温が 14℃ 以上の日はおよそ 75％ である．

（'16 センター試験・改）

ある高校で英語と数学の小テストを実施したところ，以下のような結果が得られた．英語の点数の平均値は 4 点，分散は 4 である．ただし，$a > b$ とする．

番号	1	2	3	4	5	6	7
英語 (点)	7	4	2	1	3	a	b
数学 (点)	2	4	5	7	8	3	6

このとき，

$$a + b = \boxed{アイ}, \quad (a-4)^2 + (b-4)^2 = \boxed{ウ}$$

$a = \boxed{エ}$，$b = \boxed{オ}$ である．

(1) 数学の点数の平均値は $\boxed{カ}$ 点，分散は $\boxed{キ}$ であり，標準偏差は $\boxed{ク}$ 点である．

(2) 英語と数学の点数の共分散は $\boxed{ケコ}$，相関係数は $-0.\boxed{サシ}$ である．

次の3つの散布図は，東京，O市，N市，M市の2013年の365日の各日の最高気温のデータをまとめたものである．それぞれ，O市，N市，M市の最高気温を縦軸にとり，東京の最高気温を横軸にとってある．

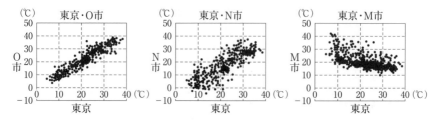

出典：『過去の気象データ』(気象庁Webページ)などにより作成

次の ［ア］，［イ］ に当てはまるものを，下の⓪〜④のうちから1つずつ選べ．ただし，解答の順序は問わない．

これらの散布図から読み取れることとして正しいものは，［ア］と［イ］である．

⓪　東京とN市，東京とM市の最高気温の間にはそれぞれ正の相関がある．

①　東京とN市の最高気温の間には正の相関，東京とM市の最高気温の間には負の相関がある．

②　東京とN市の最高気温の間には負の相関，東京とM市の最高気温の間には正の相関がある．

③　東京とO市の最高気温の間の相関の方が，東京とN市の最高気温の間の相関より強い．

④　東京とO市の最高気温の間の相関の方が，東京とN市の最高気温の間の相関より弱い．

(’16 センター試験)

✓Check Box ☐☐ 解答は別冊 p.72

　スキージャンプは，飛距離および空中姿勢の美しさを競う競技である．選手は斜面を滑り降り，斜面の端から空中に飛び出す．飛距離 D（単位は m）から得点 X が決まり，空中姿勢から得点 Y が決まる．得点 X は，飛距離 D から次の計算式によって算出される．

$$X = 1.80 \times (D - 125.0) + 60.0$$

　次の $\boxed{ア}$，$\boxed{イ}$，$\boxed{ウ}$ にそれぞれ当てはまるものを，下の ⓪～⑥ のうちから 1 つずつ選べ．ただし，同じものを繰り返し選んでもよい．

- X の分散は，D の分散の $\boxed{ア}$ 倍になる．
- X と Y の共分散は，D と Y の共分散の $\boxed{イ}$ 倍である．ただし，共分散は，2つの変量のそれぞれにおいて平均値からの偏差を求め，偏差の積の平均値として定義される．
- X と Y の相関係数は，D と Y の相関係数の $\boxed{ウ}$ 倍である．

⓪　-125 　　　① 　-1.80 　　　② 　1 　　　③ 　1.80

④　3.24 　　　⑤ 　3.60 　　　⑥ 　60.0

（'17 センター試験）

疾病Aに関するいくつかのデータについて考える.

(1) 図1は，47都道府県の40歳以上69歳以下を対象とした「疾病Aの検診の受診率」のヒストグラムである．なお，ヒストグラムの各階級の区間は，左側の数値を含み，右側の数値を含まない．

次の ア に当てはまるものを，下の⓪〜⑤のうちから1つ選べ.

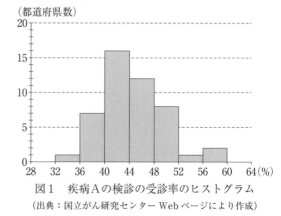

図1　疾病Aの検診の受診率のヒストグラム
(出典：国立がん研究センター Web ページにより作成)

疾病Aの検診の受診率の中央値として図1のヒストグラムと**矛盾しないもの**は ア である.

　⓪　16.0　　①　24.0　　②　35.6　　③　43.4　　④　44.7　　⑤　46.0

(2) 疾病Aの「調整済み死亡数」が毎年，都道府県ごとに算出されている．

なお，この調整済み死亡数は年齢構成などを考慮した10万人あたりの死亡数であり，例えば5.3のように小数になることもある．

図2は，各都道府県の疾病Aによる調整済み死亡数Yを，年ごとに箱ひげ図にして並べたものである．

図2に関する次の記述(I)，(II)，(III)について正誤を判定する．

(I) 1996年から2009年までの間における各年のYの中央値は，前年より小さくなる年もあるが，この間は全体として増加する傾向にある．

(II) Yの最大値が最も大きい年とYの最大値が最も小さい年とを比べた場合，これら2つの年における最大値の差は2以下である．

(III) 1996年と2014年で，Yが9以下の都道府県数を比べると，2014年は1996年の$\frac{1}{2}$以下である．

次の イ に当てはまるものを，下の⓪〜⑦のうちから1つ選べ.

(I)，(II)，(III)の記述の正誤について正しい組合せは イ である.

	⓪	①	②	③	④	⑤	⑥	⑦
(I)	正	正	正	誤	正	誤	誤	誤
(II)	正	正	誤	正	誤	正	誤	誤
(III)	正	誤	正	正	誤	誤	正	誤

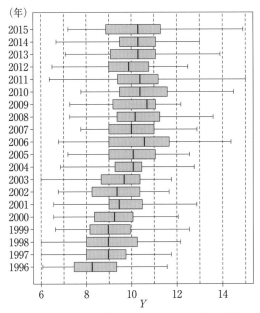

図 2　年ごとの調整済み死亡数 Y の箱ひげ図

(出典：国立がん研究センター Web ページにより作成)

(3)　図 3 は，ある年の 47 都道府県の喫煙率 X と同じ年の調整済み死亡数 Y との
関係を表している．

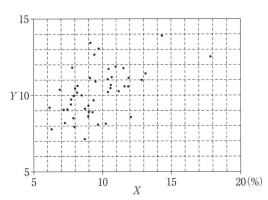

図 3　喫煙率 X と調整済み死亡数 Y の散布図

(出典：国立がん研究センター Web ページにより作成)

次の ウ に当てはまるものを，下の⓪～③のうちから１つ選べ．
Y のヒストグラムとして最も適切なものは ウ である．

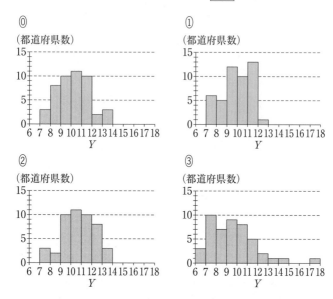

(4) 表１は，図３に表されている喫煙率 X と調整済み死亡数 Y の平均値，分散および共分散を計算したものである．ただし，共分散とは「X の偏差と Y の偏差の積の平均値」である．なお，表１の数値は四捨五入していない正確な値とする．

	平均値	分散	共分散
X	9.6	4.8	1.75
Y	10.2	2.4	

表１　平均値，分散，共分散

喫煙率 X のとる値を x，調整済み死亡数 Y のとる値を y とする．次の x と y の関係式（＊）はデータの傾向を知るためによく使われる式である．

$$y - \overline{y} = \frac{s_{XY}}{s_X{}^2}(x - \overline{x}) \quad \cdots\cdots(*)$$

ここで，$\overline{x}$，$\overline{y}$ はそれぞれ X，Y の平均値，$s_X{}^2$ は X の分散，s_{XY} は X と Y の共分散を表す．

次の $\boxed{エ}$, $\boxed{オ}$, $\boxed{カ}$ それぞれに当てはまる数値として最も近いものを，下の ⓪～⑨のうちから 1 つずつ選べ．

図 3 の散布図に対する関係式 $(*)$ は $y=\boxed{エ}\,x+\boxed{オ}$ であり，図 4 はこの関係式を図 3 に当てはめたものである．

喫煙率が 3 % から 20 % の間では同じ傾向があると考えたとき，上で求めた式を用いると，喫煙率が 4 % であれば調整済み死亡数は $\boxed{カ}$ である．

⓪ 0.36   ① 0.53   ② 0.80   ③ 1.26   ④ 2.77
⑤ 5.13   ⑥ 6.74   ⑦ 8.18   ⑧ 8.87   ⑨ 9.95

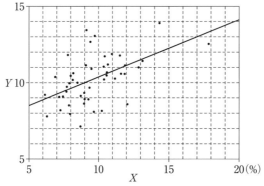

図 4　図 3 に関係式を当てはめた図

('19 センター試験・追試)

太郎さんと花子さんは，社会のグローバル化に伴う都市間の国際競争において，都市周辺にある国際空港の利便性が重視されていることを知った．そこで，日本を含む世界の主な 40 の国際空港それぞれから最も近い主要ターミナル駅へ鉄道等で移動するときの「移動距離」，「所要時間」，「費用」を調べた．なお，「所要時間」と「費用」は各国とも午前 10 時台で調査し，「費用」は調査時点の為替レートで日本円に換算した．

以下では，データが与えられた際，次の値を外れ値とする．

「(第 1 四分位数)−1.5×(四分位範囲)」以下のすべての値

「(第 3 四分位数)＋1.5×(四分位範囲)」以上のすべての値

(1) 右のデータは，40 の国際空港からの「移動距離」（単位はkm）を並べたものである．

このデータにおいて，四分位範囲は $\boxed{アイ}$ であり，外れ値の個数は $\boxed{ウ}$ である．

56	48	47	42	40	38	38	36	28	25
25	24	23	22	22	21	21	20	20	20
20	20	19	18	16	16	15	15	14	13
13	12	11	11	10	10	10	8	7	6

(2) 図1は「移動距離」と「所要時間」の散布図，図2は「所要時間」と「費用」の散布図，図3は「費用」と「移動距離」の散布図である．ただし，白丸は日本の空港，黒丸は日本以外の空港を表している．また，「移動距離」，「所要時間」，「費用」の平均値はそれぞれ 22，38，950 であり，散布図に実線で示している．

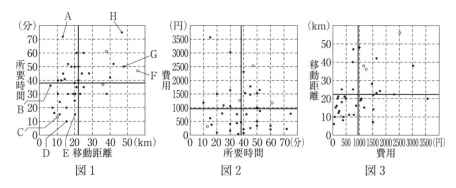

図1　　　　　　　図2　　　　　　　図3

(i) 40 の国際空港について,「所要時間」を「移動距離」で割った「1 km あた りの所要時間」を考えよう. 外れ値を＊で示した「1 km あたりの所要時間」 の箱ひげ図は エ であり, 外れ値は図 1 の A～H のうちの オ と カ で ある.

エ については, 最も適当なものを, 次の ⓪～④ のうちから 1 つ選べ.

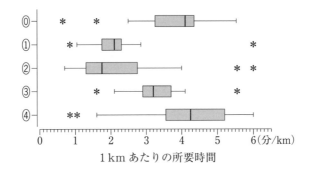

1 km あたりの所要時間

オ, カ の解答群 (解答の順序は問わない.)

⓪ A　①　B　②　C　③　D　④　E　⑤　F　⑥　G

⑦　H

(ii) ある国で, 次のような新空港が建設される計画があるとする.

移動距離 (km)	所要時間 (分)	費用 (円)
22	38	950

次の (I), (II), (III) は, 40 の国際空港にこの新空港を加えたデータに関する記 述である.

(I) 新空港は, 日本の 4 つのいずれの空港よりも,「費用」は高いが「所要時 間」は短い.

(II) 「移動距離」の標準偏差は, 新空港を加える前後で変化しない.

(III) 図 1, 図 2, 図 3 のそれぞれの 2 つの変量について, 変量間の相関係数は, 新空港を加える前後で変化しない.

(I), (II), (III) の正誤の組合せとして正しいものは キ である.

キ の解答群

	⓪	①	②	③	④	⑤	⑥	⑦
(I)	正	正	正	正	誤	誤	誤	誤
(II)	正	正	誤	誤	正	正	誤	誤
(III)	正	誤	正	誤	正	誤	正	誤

(3) 太郎さんは，調べた空港のうちの1つであるP空港で，利便性に関するアンケート調査が実施されていることを知った．

> 太郎：P空港を利用した30人に，P空港は便利だと思うかどうかをたずねたとき，どのくらいの人が「便利だと思う」と回答したら，P空港の利用者全体のうち便利だと思う人の方が多いとしてよいのかな．
> 花子：例えば，20人だったらどうかな．

2人は，30人のうち20人が「便利だと思う」と回答した場合に，「P空港は便利だと思う人の方が多い」といえるかどうかを，次の**方針**で考えることにした．

─【方針】─
・"P空港の利用者全体のうちで「便利だと思う」と回答する割合と，「便利だと思う」と回答しない割合が等しい"という仮説をたてる．
・この仮説のもとで，30人抽出したうちの20人以上が「便利だと思う」と回答する確率が5％未満であれば，その仮説は誤っていると判断し，5％以上であれば，その仮説は誤っているとは判断しない．

次の**実験結果**は，30枚の硬貨を投げる実験を1000回行ったとき，表が出た枚数ごとの回数の割合を示したものである．

実験結果

表の枚数	0	1	2	3	4	5	6	7	8	9
割合	0.0%	0.0%	0.0%	0.0%	0.0%	0.0%	0.0%	0.0%	0.1%	0.8%
表の枚数	10	11	12	13	14	15	16	17	18	19
割合	3.2%	5.8%	8.0%	11.2%	13.8%	14.4%	14.1%	9.8%	8.8%	4.2%
表の枚数	20	21	22	23	24	25	26	27	28	29	30
割合	3.2%	1.4%	1.0%	0.0%	0.1%	0.0%	0.1%	0.0%	0.0%	0.0%	0.0%

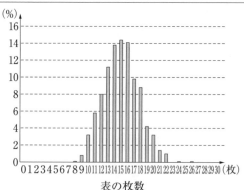

表の枚数

34

実験結果を用いると，30 枚の硬貨のうち 20 枚以上が表となった割合は
$\boxed{\text{ク}}$.$\boxed{\text{ケ}}$％ である．これを，30 人のうち 20 人以上が「便利だと思う」と回答する確率とみなし，**方針**に従うと，「便利だと思う」と回答する割合と，「便利だと思う」と回答しない割合が等しいという仮説は $\boxed{\text{コ}}$，P 空港は便利だと思う人の方が $\boxed{\text{サ}}$.

$\boxed{\text{コ}}$，$\boxed{\text{サ}}$ については，最も適当なものを，次のそれぞれの解答群から 1 つずつ選べ.

$\boxed{\text{コ}}$ の解答群

⓪　誤っていると判断され　　①　誤っているとは判断されず

$\boxed{\text{サ}}$ の解答群

⓪　多いといえる　　①　多いとはいえない

（'22 共通テスト試作問題）

第6章 | 場合の数・確率

35 ✓ Check Box ☐☐ 解答は別冊 p.78

7個の文字 A，A，B，B，C，C，C を1列に並べるものとする．

(1) 異なる並べ方の総数は $\boxed{\text{アイウ}}$ である．

(2) Aが連続して並ぶ並べ方は $\boxed{\text{エオ}}$ 通りである．

(3) Cが2つ以上連続して並ばない並べ方のうち，先頭がCである並べ方は $\boxed{\text{カキ}}$ 通りである．

(4) Cが2つ以上連続して並ばない並べ方は全部で $\boxed{\text{クケ}}$ 通りである．

(5) 同じ文字が2つ以上連続して並ばない並べ方は $\boxed{\text{コサ}}$ 通りである．

（'98 センター追試）

36 ✓ Check Box ☐☐ 解答は別冊 p.80

何人かの人をいくつかの部屋に分ける問題を考える．ただし，各部屋は十分大きく，定員については考慮しなくてよい．

(1) 7人を2つの部屋 A，B に分ける．

　(ⅰ) 部屋Aに3人，部屋Bに4人となるような分け方は全部で $\boxed{\text{アイ}}$ 通りある．

　(ⅱ) どの部屋も1人以上になる分け方は全部で $\boxed{\text{ウエオ}}$ 通りある．そのうち，部屋Aの人数が奇数である分け方は全部で $\boxed{\text{カキ}}$ 通りある．

(2) 4人を3つの部屋 A，B，C に分ける．どの部屋も1人以上になる分け方は全部で $\boxed{\text{クケ}}$ 通りある．

(3) 大人4人，子ども3人の計7人を3つの部屋 A，B，C に分ける．

　(ⅰ) どの部屋も大人が1人以上になる分け方は全部で $\boxed{\text{コサシ}}$ 通りある．そのうち，3つの部屋に子ども3人が1人ずつ入る分け方は全部で $\boxed{\text{スセソ}}$ 通りである．

　(ⅱ) どの部屋も大人が1人以上で，かつ，各部屋とも2人以上になる分け方は全部で $\boxed{\text{タチツ}}$ 通りある．

（'05 センター追試）

1から6までの数字が書いてある球が，2個ずつ合計12個袋の中に入っている．この中から3個の球を同時に取り出すとき，取り出した球の数字について太郎さんと花子さんが考察している．

問題 3つの数字の和が5である確率を求めよ．

太郎：球を3個取ると数字の組み合わせは，3個とも異なる数字のとき，

$_6C_3 = 20$（通り） ……①

同じ数字が2個あるとき，同じ数字の決め方が6通り，残りの数字の決め方が5通りあるから

$6 \times 5 = 30$（通り） ……②

ある．だから，これらを合わせて全部で50通りあるね．

このうち，3つの数の和が5であるのは，

$(1, 1, 3)$, $(1, 2, 2)$ ……③

の2通りあるから，3つの数字の和が5である確率は，$\dfrac{2}{50} = \dfrac{1}{25}$ だね．

（ドヤ顔）

花子：それは違うんじゃない？

(1) 花子さんが答えが違うという指摘をした理由は $\boxed{ア}$ である．

⓪ 考え方はよいが，①の計算が間違っているから

① 考え方はよいが，②の計算が間違っているから

② 考え方はよいが，③の組み合わせの数が間違っているから

③ 太郎くんが考えた50通りの場合は，それぞれ同様に確からしくないから

(2) 正しい考えに基づいた **問題** の答えは $\dfrac{\boxed{イ}}{\boxed{ウエ}}$ である．

(3) 3つの数字のうち，最も大きい数が4である確率は $\dfrac{\boxed{オ}}{\boxed{カキ}}$ である．

(4) 3つの数字の積が偶数である確率は $\dfrac{\boxed{クケ}}{\boxed{コサ}}$ である．

袋の中に赤玉 5 個, 白玉 5 個, 黒玉 1 個の合計 11 個の玉が入っている. 赤玉と白玉にはそれぞれ 1 から 5 までの数字が 1 つずつ書かれており, 黒玉には何も書かれていない. なお, 同じ色の玉には同じ数字は書かれていない. この袋から同時に 5 個の玉を取り出す.

5 個の玉の取り出し方は $\boxed{アイウ}$ 通りである.

取り出した 5 個の中に同じ数字の赤玉と白玉の組が 2 組あれば得点は 2 点, 1 組だけあれば得点は 1 点, 1 組もなければ得点は 0 点とする.

(1) 得点が 0 点となる取り出し方のうち, 黒玉が含まれているのは $\boxed{エオ}$ 通りであり, 黒玉が含まれていないのは $\boxed{カキ}$ 通りである.

得点が 1 点となる取り出し方のうち, 黒玉が含まれているのは $\boxed{クケコ}$ 通りであり, 黒玉が含まれていないのは $\boxed{サシス}$ 通りである.

(2) 得点が 1 点である確率は $\dfrac{\boxed{セソ}}{\boxed{タチ}}$ であり, 2 点である確率は $\dfrac{\boxed{ツ}}{\boxed{テト}}$ である.

また, 得点の期待値は $\dfrac{\boxed{ナニ}}{\boxed{ヌネ}}$ である.

('10 センター試験)

A, B 2 人のそれぞれがもつ袋には, 次のように点数のついた玉が 6 個ずつ入っている.

Aの袋：6 点の玉 2 個, 3 点の玉 1 個, 0 点の玉 3 個
Bの袋：6 点の玉 1 個, 3 点の玉 3 個, 0 点の玉 2 個

A, B は, 各自の袋から玉を 1 個取り出して元に戻す. このとき, 取り出した玉の点数をその人の得点とする.

(1) この試行を 2 回行って合計得点について考える.

(i) Aの合計得点が 6 点となる確率は, $\dfrac{\boxed{アイ}}{\boxed{ウエ}}$ である.

(ii) Aの合計得点とBの合計得点がともに 6 点となる確率は $\dfrac{\boxed{オカキ}}{1296}$ である.

(iii) Aの合計得点とBの合計得点が等しくなる確率は $\dfrac{\boxed{クケコ}}{1296}$ である.

(2) この試行を 3 回行って合計得点について考える.

Aの合計得点とBの合計得点がともに 9 点となる確率は $\dfrac{\boxed{サシス}}{4 \cdot 6^4}$ である.

✓ Check Box ▢▢   解答は別冊 p.88

　1辺の長さ1の正六角形があり，その頂点の1つをAとする．1つのサイコロを3回投げ，点Pを次の(a)，(b)，(c)にしたがって，この正六角形の辺上を反時計回りに進める．

(a)　頂点Aから出発して，1回目に出た目の数の長さだけ点Pを進める．

(b)　1回目で点Pがとまった位置から出発して，2回目に出た目の数の長さだけ点Pを進める．

(c)　2回目で点Pがとまった位置から出発して，3回目に出た目の数の長さだけ点Pを進める．

(1)　3回進めたとき，点Pが正六角形の辺上を1周して，ちょうど頂点Aに到達する目の出方は　アイ　通りである．

　　3回進める間に，点Pが1回も頂点Aにとまらない目の出方は　ウエオ　通りである．

(2)　3回進める間に，点Pが3回とも頂点Aにとまる確率は $\dfrac{カ}{キクケ}$ であり，ちょうど2回だけ頂点Aにとまる確率は $\dfrac{コ}{サシ}$ である．

　　3回進める間に，点Pがちょうど1回だけ頂点Aにとまる確率は $\dfrac{スセ}{ソタ}$ である．

(3)　3回進める間に，点Pが頂点Aにとまる回数の期待値は $\dfrac{チ}{ツ}$ 回である。

（'07 センター試験・改）

赤球4個，青球3個，白球5個，合計12個の球がある．これら12個の球を袋の中に入れ，この袋からAさんがまず1個取り出し，その球を元に戻さずに続いてBさんが1個取り出す．

(1) AさんとBさんが取り出した2個の球の中に，赤球か青球が少なくとも1個含まれている確率は $\dfrac{アイ}{ウエ}$ である．

(2) Aさんが赤球を取り出し，かつBさんが白球を取り出す確率は $\dfrac{オ}{カキ}$ である．これより，Aさんが取り出した球が赤球であったとき，Bさんが取り出した球が白球である条件付き確率は $\dfrac{ク}{ケコ}$ である．

(3) Aさんは1球取り出したのち，その色を見ずにポケットの中にしまった．Bさんが取り出した球が白球であることがわかったとき，Aさんが取り出した球も白球であった条件付き確率を求めたい．この問題について，太郎さんと花子さんが会話している．

花子：え〜．それって，簡単！ $\dfrac{サ}{シス}$ じゃないの．

太郎：なんでわかるの？

花子：太郎さんがAさんで，私がBさんだとするね．私が白を取り出したとすると，太郎さんのポケットには残り11個の球がそれぞれ等確率で入っていると思わない？

太郎：なるほど．その通りだね．直感的にはわかったけど本当にそうなるか条件付き確率の定義を用いて求めてみよう．

Aさんが赤球を取り出し，かつBさんが白球を取り出す確率は $\dfrac{オ}{カキ}$ であり，Aさんが青球を取り出し，かつBさんが白球を取り出す確率は $\dfrac{セ}{ソタ}$ である．

同様に，Aさんが白球を取り出し，かつBさんが白球を取り出す確率を求めることができ，これらの事象は互いに排反であるから，Bさんが白球を取り出す確率は $\dfrac{チ}{ツテ}$ である．よって，求める条件付き確率は $\dfrac{サ}{シス}$ である．

（'16 センター試験・改）

赤い袋には赤球 2 個と白球 1 個が入っており，白い袋には赤球 1 個と白球 1 個が入っている．

最初に，さいころを 1 個投げて，3 の倍数の目が出たら白い袋を選び，それ以外の目が出たら赤い袋を選び，選んだ袋から球を 1 個取り出して，球の色を確認してその袋に戻す．ここまでの操作を 1 回目の操作とする．2 回目と 3 回目の操作では，直前に取り出した球の色と同じ色の袋から球を 1 個取り出して，球の色を確認してその袋に戻す．

(1)　1 回目の操作で，赤い袋が選ばれ赤球が取り出される確率は $\dfrac{\boxed{ア}}{\boxed{イ}}$ であり，

白い袋が選ばれ赤球が取り出される確率は $\dfrac{\boxed{ウ}}{\boxed{エ}}$ である．

(2)　2 回目の操作が白い袋で行われる確率は $\dfrac{\boxed{オ}}{\boxed{カキ}}$ である．

(3)　1 回目の操作で白球を取り出す確率を p で表すと，2 回目の操作で白球が取り出される確率は $\dfrac{\boxed{ク}}{\boxed{ケ}}p+\dfrac{1}{3}$ と表される．

よって，2 回目の操作で白球が取り出される確率は $\dfrac{\boxed{コサ}}{\boxed{シスセ}}$ である．

同様に考えると，3 回目の操作で白球が取り出される確率は $\dfrac{\boxed{ソタチ}}{\boxed{ツテト}}$ である．

(4)　2 回目の操作で取り出した球が白球であったとき，その球を取り出した袋の色が白である条件付き確率は $\dfrac{\boxed{ナニ}}{\boxed{ヌネ}}$ である．

また，3 回目の操作で取り出した球が白球であったとき，はじめて白球が取り出されたのが 3 回目の操作である条件付き確率は $\dfrac{\boxed{ノハ}}{\boxed{ヒフヘ}}$ である．

（'19 センター試験）

中にくじが入っている2つの箱AとBがある．2つの箱の外見は同じであるが，箱Aでは，当たりくじを引く確率が $\dfrac{1}{2}$ であり，箱Bでは，当たりくじを引く確率が $\dfrac{1}{3}$ である．

(1) 各箱で，くじを1本引いてはもとに戻す試行を3回繰り返す．このとき

箱Aにおいて，3回中ちょうど1回当たる確率は $\dfrac{\boxed{ア}}{\boxed{イ}}$ ……①

箱Bにおいて，3回中ちょうど1回当たる確率は $\dfrac{\boxed{ウ}}{\boxed{エ}}$ ……②

である．箱Aにおいて，3回引いたときに当たりくじを引く回数の期待値は $\dfrac{\boxed{オ}}{\boxed{カ}}$ であり，箱Bにおいて，3回引いたときに当たりくじを引く回数の期待値は $\boxed{キ}$ である．

(2) 太郎さんと花子さんは，それぞれくじを引くことにした．ただし，2人は，箱A，箱Bでの当たりくじを引く確率は知っているが，2つの箱のどちらがAで，どちらがBであるかはわからないものとする．

まず，太郎さんが2つの箱のうちの一方をでたらめに選ぶ．そして，その選んだ箱において，くじを1本引いてはもとに戻す試行を3回繰り返したところ，3回中ちょうど1回当たった．

このとき，選ばれた箱がAである事象を A，選ばれた箱がBである事象を B，3回中ちょうど1回当たる事象を W とする．①，②に注意すると

$$P(A \cap W) = \dfrac{1}{2} \times \dfrac{\boxed{ア}}{\boxed{イ}}, \quad P(B \cap W) = \dfrac{1}{2} \times \dfrac{\boxed{ウ}}{\boxed{エ}}$$

である．$P(W) = P(A \cap W) + P(B \cap W)$ であるから，3回中ちょうど1回当たったとき，選んだ箱がAである条件付き確率 $P_W(A)$ は $\dfrac{\boxed{クケ}}{\boxed{コサ}}$ となる．また，条件付き確率 $P_W(B)$ は $1 - P_W(A)$ で求められる．

次に，花子さんが箱を選ぶ．その選んだ箱において，くじを1本引いてはもとに戻す試行を3回繰り返す．花子さんは，当たりくじをより多く引きたいので，太郎さんのくじの結果をもとに，次の(X), (Y)のどちらの場合がよいかを考えている．

(X) 太郎さんが選んだ箱と同じ箱を選ぶ．

(Y) 太郎さんが選んだ箱と異なる箱を選ぶ．

花子さんがくじを引くときに起こりうる事象の場合の数は，選んだ箱がA，Bのいずれかの2通りと，3回のうち当たりくじを引く回数が0，1，2，3回のいずれかの4通りの組合せで全部で8通りある．

> 花子：当たりくじを引く回数の期待値が大きい方の箱を選ぶといいかな．
> 太郎：当たりくじを引く回数の期待値を求めるには，この8通りについて，それぞれの起こる確率と当たりくじを引く回数との積を考えればいいね．

　花子さんは当たりくじを引く回数の期待値が大きい方の箱を選ぶことにした．

　(X)の場合について考える．箱Aにおいて3回引いてちょうど1回当たる事象を A_1，箱Bにおいて3回引いてちょうど1回当たる事象を B_1 と表す．

　太郎さんが選んだ箱がAである確率 $P_W(A)$ を用いると，花子さんが選んだ箱がAで，かつ，花子さんが3回引いてちょうど1回当たる事象の起こる確率は $P_W(A) \times P(A_1)$ と表せる．このことと同様に考えると，花子さんが選んだ箱がBで，かつ，花子さんが3回引いてちょうど1回当たる事象の起こる確率は $\boxed{シ}$ と表せる．

> 花子：残りの6通りも同じように計算すれば，この場合の当たりくじを引く回数の期待値を計算できるね．
> 太郎：期待値を計算する式は，選んだ箱がAである事象に対する式とBである事象に対する式に分けて整理できそうだよ．

　残りの6通りについても同じように考えると，(X)の場合の当たりくじを引く回数の期待値を計算する式は

$$\boxed{ス} \times \frac{\boxed{オ}}{\boxed{カ}} + \boxed{セ} \times \boxed{キ}$$

となる．

　(Y)の場合についても同様に考えて計算すると，(Y)の場合の当たりくじを引く回数の期待値は $\dfrac{\boxed{ソタ}}{\boxed{チツ}}$ である．よって，当たりくじを引く回数の期待値が大きい方の箱を選ぶという方針に基づくと，花子さんは，太郎さんが選んだ箱と $\boxed{テ}$．

$\boxed{シ}$ の解答群

⓪ $P_W(A) \times P(A_1)$ 　　① $P_W(A) \times P(B_1)$

② $P_W(B) \times P(A_1)$ 　　③ $P_W(B) \times P(B_1)$

$\boxed{\text{ス}}$，$\boxed{\text{セ}}$ の解答群（同じものを繰り返し選んでもよい．）

⓪ $\dfrac{1}{2}$　　① $\dfrac{1}{4}$　　② $P_W(A)$　　③ $P_W(B)$　　④ $\dfrac{1}{2}P_W(A)$

⑤ $\dfrac{1}{2}P_W(B)$　　⑥ $P_W(A)-P_W(B)$　　⑦ $P_W(B)-P_W(A)$

⑧ $\dfrac{P_W(A)-P_W(B)}{2}$　　⑨ $\dfrac{P_W(B)-P_W(A)}{2}$

$\boxed{\text{テ}}$ の解答群

⓪ 同じ箱を選ぶ方がよい　　① 異なる箱を選ぶ方がよい

（'22 共通テスト・試作問題）

44 ✓Check Box ☐☐ 解答は別冊 p.100

△ABC において AB=4, AC=2, BC=a とする.

(1) このとき，a の値の範囲は $\boxed{\text{ア}}<a<\boxed{\text{イ}}$ である.

(2) △ABC が鋭角三角形となるような a の値の範囲は
$\boxed{\text{ウ}}\sqrt{\boxed{\text{エ}}}<a<\boxed{\text{オ}}\sqrt{\boxed{\text{カ}}}$ である.

(3) ∠B は $a=\boxed{\text{キ}}\sqrt{\boxed{\text{ク}}}$ のときに最も大きくなり，そのときの ∠B の値は
$\boxed{\text{ケコ}}°$ である.

45 ✓Check Box ☐☐ 解答は別冊 p.102

AB>AC である △ABC において，辺 AB の A の側の延長上に AC=AD となる点Dをとる. ∠CAD の二等分線と辺 BC の C の側の延長との交点をEとする. 下の文中の $\boxed{\text{ア}}$〜$\boxed{\text{エ}}$ については当てはまるものを下の ⓪〜⑨から1つずつ選べ.

$$△ADE≡△\boxed{\text{ア}}$$

より，∠DEA=∠$\boxed{\text{イ}}$ であるから，

$$\frac{BA}{AD}=\frac{\boxed{\text{ウ}}}{ED}$$

したがって，$\dfrac{BE}{EC}=\dfrac{AB}{\boxed{\text{エ}}}$ が成り立つ.

⓪ EA	① BC	② EB	③ AC	④ AB
⑤ EBD	⑥ CED	⑦ ACE	⑧ CAD	⑨ BEA

さらに，∠BAC の二等分線と辺 BC の交点をFとする.
$$AB=6, \quad BC=5, \quad CA=4$$
であるとき，線分 EF の長さは $\boxed{\text{オカ}}$ である.

太郎さんと花子さんが，次の問題について考えている．

> 問題1 　AB<BC<CA である鋭角三角形 ABC について，△ABC の外心を
> O，点Oから辺 BC，CA，AB に下ろした垂線の足をそれぞれ D，E，F とする
> とき，点Oは △DEF の内心，外心，重心，垂心のいずれになるか．

太郎：教科書で三角形の4心について習ったね．
　　　外心は イ ア ，内心は イ ，重心は ウ ，垂心は エ
　　　だったね．
花子：どれになるかな？

(1)(i) 　 ア ～ エ に当てはまるものを下の⓪～③から1つずつ選べ．

⓪ 　三中線の交点 　　　　　① 　各辺の垂直二等分線の交点

② 　角の二等分線の交点 　　③ 　三垂線の交点

> 太郎：わかった．点 D, E, F は各辺の中点になるから， オ がポイントにな
> 　　　るね．答えは カ だね．
>
> 花子：っていうことは，△DEF の面積は △ABC の面積の $\dfrac{キ}{ク}$ 倍もわかる
> 　　　わね．問題に関係ないけど．

(ii) 　 オ に当てはまるものを下の⓪～③から選んでマークせよ．

⓪ 　三平方の定理 　① 　中点連結定理 　② 　円周角の定理 　③ 　中線定理

(iii) 　 カ に当てはまるものを下の⓪～③から選んでマークせよ．

⓪ 　内心 　　　　① 　外心 　　　　② 　重心 　　　　③ 　垂心

(2) 　さらに2人は次の問題に取り組んだ．

> 問題2 　△ABC の内心を I，点 I から辺 AB，BC，CA に下ろした垂線の足
> をそれぞれ P，Q，R とする．AB：BC：CA＝5：6：7 を満たすとき
>
> $$AP＝\dfrac{ケ}{コ}AB$$
>
> であり，三角形の面積について
>
> $$△PQR＝\dfrac{サ}{シス}△ABC$$
>
> が成り立つ．

47

✓ Check Box ☐☐☐ 解答は別冊 p.106

△ABC において，AB＝7，BC＝3 である．△ABC の内心を I とする．AI の延長と辺 BC との交点を D とし，BI の延長と辺 AC との交点を E とする．4 点 C，E，I，D は同一円周上にあるものとする．

下の文章中の ア ～ オ については，次の ⓪～⑤ のうちから当てはまるものを 1 つずつ選べ．ただし，同じものを繰り返し選んでもよい．

⓪ A ① B ② C ③ D ④ E

∠BCA＝∠AI$\boxed{ア}$＝∠B$\boxed{イ}$$\boxed{ウ}$＋∠A$\boxed{エ}$$\boxed{オ}$ であるから，

∠BCA＝$\boxed{カキ}$°

である．したがって，CA＝$\boxed{ク}$ である．また，

$$BD＝\frac{\boxed{ケ}}{\boxed{コ}}, \quad BI \cdot BE＝\frac{\boxed{サシ}}{\boxed{ス}}$$

である．

（'07 センター追試・改）

48

✓ Check Box ☐☐☐ 解答は別冊 p.108

△ABC において，AB＝7，BC＝4$\sqrt{2}$，∠ABC＝45° とする．

また，△ABC の外接円の中心を O とする．

このとき，CA＝$\boxed{ア}$ である．

外接円 O 上の点 A を含まない弧 BC 上に点 D を CD＝$\sqrt{10}$ であるようにとる．

∠ADC＝$\boxed{イウ}$° であることから，AD＝$\boxed{エ}$$\sqrt{\boxed{オ}}$ となる．

下の $\boxed{カ}$，$\boxed{キ}$，$\boxed{サ}$ には，次の ⓪～⑤ のうちから当てはまるものを 1 つずつ選べ．ただし，同じものを繰り返し選んでもよい．

⓪ AC ① AD ② AE ③ BA ④ CD ⑤ ED

点 A における外接円 O の接線と辺 DC の延長の交点を E とする．このとき，∠CAE＝∠$\boxed{カ}$E であるから，△ACE と △D$\boxed{キ}$ は相似である．これより

$$EA＝\frac{\boxed{ク}\sqrt{\boxed{ケ}}}{\boxed{コ}}EC$$

である．また EA²＝$\boxed{サ}$・EC である．したがって

$$EA＝\frac{\boxed{シス}\sqrt{\boxed{セ}}}{\boxed{ソ}}$$

であり，△ACE の面積は $\frac{\boxed{タチ}}{\boxed{ツ}}$ である．

（'08 センター試験・改）

ある日，太郎さんと花子さんのクラスでは，数学の授業で先生から次の**問題1**が出題された．下の問いに答えよ．

> **問題1** 鋭角三角形 △ABC において，頂点 A，B，C から各対辺に垂線 AD，BE，CF を下ろす．これらの垂線はHで交わる．このとき，以下の問いに答えよ．
> (1) 四角形 BCEF と AFHE が円に内接することを示せ．
> (2) ∠ADE＝∠ADF であることを示せ．

(1)は次のように証明することができる．

> まず四角形 BCEF が円に内接することに関しては，E, F が BC に関して同じ側にあり，∠BFC＝∠BEC＝□アイ□°であるから，□ウ□より証明される．
> また，四角形 AFHE が円に内接することに関しては，
> ∠AFH＋∠AEH＝□エオカ□°から証明される．

(i) □ウ□に当てはまるものを，次の⓪～⑤のうちから1つ選べ．

  ⓪ 中線定理　　　　　① 円周角の定理　　　　② 中点連結定理
  ③ 方べきの定理の逆　④ 円周角の定理の逆　　⑤ 接弦定理の逆

(2)は次のように証明することができる．

> (1)と同様にして，四角形□キ□と四角形□ク□は円に内接する．よって，円周角の定理より
>   ∠ADE＝∠ECF，∠ADF＝∠EBF
> が成り立つ．また，四角形□ケ□は円に内接するから，円周角の定理より
>   ∠ECF＝∠EBF
> となり，∠ADE＝∠ADF は成り立つ．

(ii) □キ□，□ク□，□ケ□に当てはまるものを，次の⓪～⑤のうちから1つずつ選べ．ただし，□キ□，□ク□の順序は問わない．
  ⓪ BDEF　① CEFD　② BDHF　③ AFDE　④ CEHD
  ⑤ BCEF

太郎さんたちは，この問題を解いた後，先生からさらに理解を深めるための問題を出題してもらった．下の問いに答えよ．

問題2　△ABC において，AB=$\sqrt{6}$，BC=4，cos∠ABC=$\dfrac{\sqrt{6}}{9}$ とする。辺 BC 上に点Dを BD=1 となるようにとるとき，AD=$\dfrac{\sqrt{\boxed{コサ}}}{\boxed{シ}}$，cos∠ADB=$\dfrac{\sqrt{\boxed{スセ}}}{\boxed{ソタ}}$ である。また，△ACD の外接円と辺 AB の交点で，点 A とは異なる点をEとする。このとき，BE・BA=$\boxed{チ}$ である。次に，線分 AD と線分 EC の交点をPとし，△AEP の外接円と直線 BP の交点で，点Pとは異なる点をLとする。このとき，BP・BL=$\boxed{ツ}$ である。BD・BC=4 であるから，tan∠BLC=$\boxed{テ}\sqrt{\boxed{ト}}$ である。

50

✓ Check Box ☐☐　解答は別冊 p.112

△ABC において，AB=AC=5，BC=$\sqrt{5}$ とする．辺 AC 上に点Dを AD=3 となるようにとり，辺 BC のB の側の延長と △ABD の外接円との交点でB と異なるものをEとする．

CE・CB=$\boxed{アイ}$ であるから，BE=$\sqrt{\boxed{ウ}}$ である．

△ACE の重心をGとすると，AG=$\dfrac{\boxed{エオ}}{\boxed{カ}}$ である．

AB と DE の交点をPとすると

$$\dfrac{DP}{EP}=\dfrac{\boxed{キ}}{\boxed{ク}}　\cdots\cdots①$$

である．

△ABC と △EDC において，点 A，B，D，E は同一円周上にあるので ∠CAB=∠CED で，∠C は共通であるから

$$DE=\boxed{ケ}\sqrt{\boxed{コ}}　\cdots\cdots②$$

である．

①，②から，EP=$\dfrac{\boxed{サ}\sqrt{\boxed{シ}}}{\boxed{ス}}$ である．

51 ✓Check Box ☐☐ 解答は別冊 p.114

数学の授業で次の問題が宿題として出題された.

〈宿題〉

$x^2+2ix+k-2=0$ が実数解をもつような実数 k の条件を求めよ.

この問題に対して,太郎さんは下のような解答を作った.

【太郎さんの解答】

与えられた式の判別式を D とすると

$$\frac{D}{4}=i^2-(k-2)=-k+1\geqq0$$

よって,求める条件は $k\leqq1$ である.

次の太郎さんと花子さんの会話を読んで,以下の問いに答えよ.

太郎:花子さん,この解答で正しいと思う？ちょっと自信なくて.

花子:例えば,$x=0$ を解にもつのは $k=\boxed{ア}$ のときだから,これは間違っているね.なぜなら,$\boxed{イ}$ からよ.正しい答えは $\boxed{ウ}$ だと思うよ.

太郎:なるほど.

(1) $\boxed{イ}$ に当てはまるものを下の ⓪～③ から選んでマークせよ.

⓪ 判別式を使うのはよいが,判別式の条件を間違っている

① 計算を間違っている

② 一般に,判別式は2次方程式の係数に複素数があるときは使えない

③ 一般に,判別式は2次方程式の係数に虚数があるときは使えない

(2) $\boxed{ウ}$ に当てはまるものを下の ⓪～⑤ から選んでマークせよ.

⓪ $k=1$　　① $k\geqq1$　　② $k=2$

③ $k\leqq2$　　④ $k\geqq2$　　⑤ $k\leqq\dfrac{9}{4}$

52 ✓ Check Box □□ 解答は別冊 p.115

x についての 2 次方程式 $x^2-ax+b=0$ の 2 解を α, β としたとき, 2 次方程式 $x^2+bx+a=0$ の 2 解は $\alpha-1$, $\beta-1$ であるという. このとき,

$$a=\boxed{\text{ア}}, \quad b=\boxed{\text{イ}}, \quad \alpha^3=\boxed{\text{ウエ}}, \quad \beta^3=\boxed{\text{オカ}}$$

である. さらに, 自然数 n をいろいろ変えたとき, $\alpha^n+\beta^n$ のとりうる値を小さい方から順に並べると $\boxed{\text{キク}}$, $\boxed{\text{ケコ}}$, $\boxed{\text{サ}}$, $\boxed{\text{シ}}$ である.

('86 共通一次)

53 ✓ Check Box □□ 解答は別冊 p.117

2 つの 2 次方程式

$$x^2-2ax+6a=0 \quad \cdots\cdots① , \quad x^2-2(a-1)x+3a=0 \quad \cdots\cdots②$$

が共通の 0 でない解をもつとき, $a=\boxed{\text{ア}}$ で, 共通の解は $\boxed{\text{イウ}}$ である.

また, このとき①の他の解は $\boxed{\text{エ}}$ で, ②の他の解は $\boxed{\text{オ}}$ である.

54 ✓ Check Box □□ 解答は別冊 p.119

$f(x)=x^3+ax^2+bx+c$ (a, b, c は定数) は $x+1$ で割り切れ, $x+2$ で割っても, $x+3$ で割っても 2 余る.

このとき, $a=\boxed{\text{ア}}$, $b=\boxed{\text{イ}}$ であり,

$$f(x)=(x+1)(x^2+\boxed{\text{ウ}}x+\boxed{\text{エ}})$$

となる. したがって, 方程式 $f(x)=0$ の解は $\boxed{\text{オカ}}$, $\boxed{\text{キク}}\pm\sqrt{\boxed{\text{ケ}}}$ である.

('80 共通一次)

$P(x)$ を係数が実数である x の整式とする. 方程式 $P(x)=0$ は虚数 $1+\sqrt{2}\,i$ を解にもつとする.

(1) 虚数 $1-\sqrt{2}\,i$ も $P(x)=0$ の解であることを示そう.

$1\pm\sqrt{2}\,i$ を解とする x の2次方程式で x^2 の係数が1であるものは

$$x^2-\boxed{\text{ア}}\,x+\boxed{\text{イ}}=0$$

である. $S(x)=x^2-\boxed{\text{ア}}\,x+\boxed{\text{イ}}$ とし, $P(x)$ を $S(x)$ で割ったときの商を $Q(x)$, 余りを $R(x)$ とすると, 次が成り立つ.

$$P(x)=\boxed{\text{ウ}}$$

また, $S(x)$ は2次式であるから, m, n を実数として, $R(x)$ は

$$R(x)=mx+n$$

と表せる. ここで, $1+\sqrt{2}\,i$ が2つの方程式 $P(x)=0$ と $S(x)=0$ の解であることを用いれば $R(1+\sqrt{2}\,i)=\boxed{\text{エ}}$ となるので, $x=1+\sqrt{2}\,i$ を $R(x)=mx+n$ に代入することにより, $m=\boxed{\text{オ}}$, $n=\boxed{\text{カ}}$ であることがわかる. したがって, $\boxed{\text{キ}}$ であることがわかるので, $1-\sqrt{2}\,i$ も $P(x)=0$ の解である.

$\boxed{\text{ウ}}$ の解答群

⓪　$S(x)Q(x)R(x)$ 　　　①　$S(x)R(x)+Q(x)$

②　$R(x)Q(x)+S(x)$ 　　　③　$S(x)Q(x)+R(x)$

$\boxed{\text{キ}}$ の解答群

⓪　$P(x)=S(x)R(x)$ 　　①　$P(x)=Q(x)R(x)$ 　　②　$Q(x)=0$

③　$R(x)=0$ 　　④　$S(x)=Q(x)R(x)$ 　　⑤　$Q(x)=S(x)R(x)$

⑵ k, l を実数として
$$P(x)=3x^4+2x^3+kx+l$$
の場合を考える．このとき，$P(x)$ を⑴の $S(x)$ で割ったときの商を $Q(x)$，余りを $R(x)$ とすると
$$Q(x)=\boxed{\text{ク}}x^2+\boxed{\text{ケ}}x+\boxed{\text{コ}}$$
$$R(x)=(k-\boxed{\text{サシ}})x+l-\boxed{\text{スセ}}$$
となる．$P(x)=0$ は $1+\sqrt{2}\,i$ を解にもつので，⑴の考察を用いると
$$k=\boxed{\text{ソタ}}, \quad l=\boxed{\text{チツ}}$$
である．また，$P(x)=0$ の $1+\sqrt{2}\,i$ 以外の解は
$$x=\boxed{\text{テ}}-\sqrt{\boxed{\text{ト}}}\,i, \quad \frac{-\boxed{\text{ナ}}\pm\sqrt{\boxed{\text{ニ}}}\,i}{\boxed{\text{ヌ}}}$$
であることがわかる．

（'22 共通テスト追試）

先生と太郎さんと花子さんは，次の問題とその解答について話している．3人の会話を読んで，下の問いに答えよ．

【問題】 x, y を正の実数とするとき，$\left(x+\dfrac{1}{y}\right)\left(y+\dfrac{4}{x}\right)$ の最小値を求めよ．

【解答A】

$x>0$, $\dfrac{1}{y}>0$ であるから，相加平均と相乗平均の関係により

$$x+\dfrac{1}{y}\geqq 2\sqrt{x\cdot\dfrac{1}{y}}=2\sqrt{\dfrac{x}{y}} \quad\cdots\cdots①$$

$y>0$, $\dfrac{4}{x}>0$ であるから，相加平均と相乗平均の関係により

$$y+\dfrac{4}{x}\geqq 2\sqrt{y\cdot\dfrac{4}{x}}=4\sqrt{\dfrac{y}{x}} \quad\cdots\cdots②$$

である．①，②の両辺は正であるから

$$\left(x+\dfrac{1}{y}\right)\left(y+\dfrac{4}{x}\right)\geqq 2\sqrt{\dfrac{x}{y}}\cdot 4\sqrt{\dfrac{y}{x}}=8$$

よって，求める最小値は8である．

【解答B】

$$\left(x+\dfrac{1}{y}\right)\left(y+\dfrac{4}{x}\right)=xy+\dfrac{4}{xy}+5$$

であり，$xy>0$ であるから，相加平均と相乗平均の関係により

$$xy+\dfrac{4}{xy}\geqq 2\sqrt{xy\cdot\dfrac{4}{xy}}=4$$

である．すなわち，

$$xy+\dfrac{4}{xy}+5\geqq 4+5=9$$

よって，求める最小値は9である．

先生「同じ計算なのに，解答Aと解答Bで答えが違っていますね.」

太郎「計算が間違っているのかな.」

花子「いや，どちらも間違えていないみたい.」

太郎「答えが違うということは，どちらかは正しくないということだよね.」

先生「なぜ解答Aと解答Bで違う答えが出てしまったのか，考えてみましょう.」

花子「実際に x と y に値を代入して調べてみよう.」

太郎「例えば $x=1$, $y=1$ を代入してみると，$\left(x+\dfrac{1}{y}\right)\left(y+\dfrac{4}{x}\right)$ の値は 2×5 だから 10 だ.」

花子「$x=2$, $y=2$ のときの値は $\dfrac{5}{2}\times4=10$ になった.」

太郎「$x=2$, $y=1$ のときの値は $3\times3=9$ となる.」

（太郎と花子，いろいろな値を代入して計算する）

花子「先生，ひょっとして $\boxed{\ \text{ア}\ }$ ということですか.」

先生「そのとおりです．よく気づきましたね.」

花子「正しい最小値は $\boxed{\ \text{イ}\ }$ ですね.」

(1) $\boxed{\ \text{ア}\ }$ に当てはまるものを，次の⓪〜③のうちから1つ選べ.

⓪ $xy+\dfrac{4}{xy}=4$ を満たす x, y の値がない

① $x+\dfrac{1}{y}=2\sqrt{\dfrac{x}{y}}$ かつ $xy+\dfrac{4}{xy}=4$ を満たす x, y の値がある

② $x+\dfrac{1}{y}=2\sqrt{\dfrac{x}{y}}$ かつ $y+\dfrac{4}{x}=4\sqrt{\dfrac{y}{x}}$ を満たす x, y の値がない

③ $x+\dfrac{1}{y}=2\sqrt{\dfrac{x}{y}}$ かつ $y+\dfrac{4}{x}=4\sqrt{\dfrac{y}{x}}$ を満たす x, y の値がある

(2) $\boxed{\ \text{イ}\ }$ に当てはまる数を答えよ.

（'17 共通テスト試行調査）

57 ✓Check Box ☐☐ 　解答は別冊 p.126

(1) $\sqrt[3]{54}+\dfrac{3}{2}\sqrt[6]{4}+\sqrt[3]{-\dfrac{1}{4}}=2^p$ とおけば，$p=\dfrac{\boxed{ア}}{\boxed{イ}}$ である．

(2) $2^a=5^b=10$ のとき，$\dfrac{1}{a}+\dfrac{1}{b}=\boxed{ウ}$ である．

(3) d が 1 でない正の数のとき，$\log_2 d\cdot\log_d 8=\boxed{エ}$ である．

　　また，$\log_2 d-\log_d 8=2$ ならば $d=\boxed{オ}$ または $d=\dfrac{\boxed{カ}}{\boxed{キ}}$ である．

58 ✓Check Box ☐☐ 　解答は別冊 p.128

　太郎さんと花子さんが，次の問題について会話をしている．以下の問いに答えよ．

> 　地震のエネルギー (E) とマグニチュード (M) の間には
> $$\log_{10}E=4.8+1.5M$$
> の関係がある（単位系は省略）．2009 年 8 月に起きた駿河湾地震のマグニチュードは 6.5 であり，気象庁によればこの地震は予想されている東海地震とは異なる．東海地震のマグニチュードは 8 程度と想定されており，それを 8.0 と仮定してこの 2 つのエネルギーの比を求めたい．必要ならば，巻末の常用対数表を利用し，最も近い数値を用いて答えよ．

　駿河湾地震のエネルギーを E_S とおき，東海地震のそれを E_T とおくとき，
$$\log_{10}E_S=4.8+1.5\times6.5=\boxed{アイ}.\boxed{ウエ}$$
$$\log_{10}E_T=4.8+1.5\times8=\boxed{オカ}.\boxed{キ}$$
よって，$\log_{10}\dfrac{E_T}{E_S}=\boxed{ク}.\boxed{ケコ}$ より，$\dfrac{E_T}{E_S}=10^{\boxed{ク}.\boxed{ケコ}}$ となる．

> 花子：$\boxed{ク}.\boxed{ケコ}$ は対数表にないわね．
> 太郎：とりあえず 0.$\boxed{ケコ}$ がわかれば，計算できるよ．
> 花子：対数表で最も近い数値を探すと……．え～～エネルギーは $\boxed{サシス}$ 倍になるのね．びっくり！
> 太郎：ところでマグニチュードが 1 増えたら，エネルギーって何倍になるのかな？

マグニチュードが M, $M+1$ のときのエネルギーをそれぞれ E_M, E_{M+1} とすると

$$\log_{10} E_M = 4.8 + 1.5M$$
$$\log_{10} E_{M+1} = 4.8 + 1.5(M+1)$$

これより, $\log_{10} \dfrac{E_{M+1}}{E_M} = \boxed{セ}.\boxed{ソ}$ から, $\dfrac{E_{M+1}}{E_M} = 10^{\boxed{セ}.\boxed{ソ}}$

花子：対数表から，マグニチュードが 1 増えると，エネルギーは約 $\boxed{タチ}.\boxed{ツ}$ 倍になるのね．

太郎：マグニチュードが $\boxed{テ}$ 増えると，1000 倍だ〜！

エネルギー (E) とマグニチュード (M) の関係は定義から，$E = 10^{4.8 + 1.5M}$ と表される．横軸に M，縦軸に E をとり，このグラフを描くと，

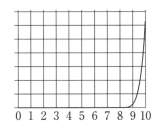

となる．一般に指数関数は急激な変化を伴うので，グラフは変化が読みづらい．そこで，このグラフに対して，横軸に M，縦軸に $\log_{10} E$ をとったグラフを考えるといい場合がある．これを片対数グラフという．

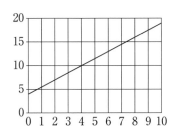

片対数グラフは，直線となり変化が読みやすいが，縦軸方向に n 増加した場合，実際には，E は $\boxed{ト}$ ことに注意してみる必要がある．ただし，$\boxed{ト}$ には下の ⓪ 〜 ③ から正しいものを選んでマークせよ．

⓪ n 倍になる

① 10^n 倍になる

② $10n$ 倍になる

③ 10^n だけ増加する

a, b を正の実数とする．連立方程式

$$(*)\begin{cases} x\sqrt{y^3}=a \\ \sqrt[3]{x}\,y=b \end{cases}$$

を満たす正の実数 x, y について考える．

(1) 連立方程式 $(*)$ を満たす正の実数 x, y は，$x=a^{\boxed{ア}}b^{\boxed{イウ}}$，$y=a^p b^{\boxed{エ}}$

となる．ただし，$p=\dfrac{\boxed{オカ}}{\boxed{キ}}$ である．

(2) $b=2\sqrt[3]{a^4}$ とする．a が $a>0$ の範囲を動くとき，連立方程式 $(*)$ を満たす

正の実数 x, y について，$x+y$ は $a=2^q$ のとき最小値 $\sqrt{\boxed{ク}}$ をとることがわ

かる．ただし，$q=\dfrac{\boxed{ケコ}}{\boxed{サ}}$ である．

('15 センター試験・改)

2つの正の数 x, y $(x>y)$ が，

$$xy=250,\quad \left(\log_{10}\frac{x}{5}\right)\left(\log_{10}\frac{y}{5}\right)=-\frac{143}{4}$$

を満たすとき，

$$\log_{10}\frac{x}{5}+\log_{10}\frac{y}{5}=\boxed{ア}$$

が成り立つので，$\log_{10}\dfrac{x}{5}$ と $\log_{10}\dfrac{y}{5}$ は，2次方程式

$$4t^2-\boxed{イ}\,t-\boxed{ウエオ}=0$$

の2解となる．したがって，

$$\log_{10}x=\log_{10}5+\frac{\boxed{カキ}}{\boxed{ク}},\quad \log_{10}y=\log_{10}5-\frac{\boxed{ケコ}}{\boxed{サ}}$$

となり，x の整数部分は $\boxed{シ}$ 桁であり，y は小数第 $\boxed{ス}$ 位に初めて0でない数

が現れる．ただし，必要なら $\log_{10}2=0.3010$ として考えよ．

(1) $a = \sqrt[3]{4}$, $b = \sqrt[4]{8}$, $c = 2^{0.7}$ の大小は $\boxed{\text{ア}}$ となる. ただし, $\boxed{\text{ア}}$ については当てはまるものを, 次の ⓪～⑤ のうちから1つ選べ.

  ⓪ $a < b < c$ ① $a < c < b$ ② $b < a < c$

  ③ $b < c < a$ ④ $c < a < b$ ⑤ $c < b < a$

(2) 3つの数 $a = \dfrac{3}{2}$, $b = \log_4 7$, $c = \log_2 \sqrt[3]{24}$ を考える. このとき,

$$a = \frac{1}{6} \log_2 \boxed{\text{イウエ}}$$

$$b = \frac{1}{6} \log_2 \boxed{\text{オカキ}}$$

$$c = \frac{1}{6} \log_2 \boxed{\text{クケコ}}$$

であるから, a, b, c を大きさの順に並べると, $\boxed{\text{サ}}$ となる. ただし, $\boxed{\text{サ}}$ については当てはまるものを, 次の ⓪～⑤ のうちから1つ選べ.

  ⓪ $a < b < c$ ① $a < c < b$ ② $b < a < c$

  ③ $b < c < a$ ④ $c < a < b$ ⑤ $c < b < a$

(3) $a > 0$, $a \neq 1$ として, 不等式

$$2\log_a(8-x) > \log_a(x-2) \quad \cdots\cdots ①$$

を満たす x の値の範囲を求めよう.

  真数は正であるから, $\boxed{\text{シ}} < x < \boxed{\text{ス}}$ が成り立つ. ただし, 対数 $\log_a b$ に対し, a を底といい, b を真数という.

  底 a が $a < 1$ を満たすとき, 不等式① は

$$x^2 - \boxed{\text{セソ}}\,x + \boxed{\text{タチ}} \boxed{\text{ツ}} 0 \quad \cdots\cdots ②$$

となる. ただし, $\boxed{\text{ツ}}$ については, 当てはまるものを, 次の ⓪～② のうちから1つ選べ.

  ⓪ $<$ ① $=$ ② $>$

  したがって, 真数が正であることと② から, $a < 1$ のとき, 不等式① を満たす x のとり得る値の範囲は $\boxed{\text{テ}} < x < \boxed{\text{ト}}$ である.

  同様にして, $a > 1$ のときには, 不等式① を満たす x のとり得る値の範囲は $\boxed{\text{ナ}} < x < \boxed{\text{ニ}}$ であることがわかる.

('12 センター試験・改)

太郎さんと花子さんが次の問題について会話している．2人の会話を読んで，以下の問いに答えよ．

> **問題** 不等式
> $$2\log_3 x - 4\log_x 27 \leqq 5 \quad \cdots\cdots (*)$$
> が成り立つような x の値の範囲を求めよ．

太郎：不等式 $(*)$ において，x は対数の底であるから

$$x > \boxed{\text{ア}} \quad \text{かつ} \quad x \neq \boxed{\text{イ}}$$

を満たさなければならないね．このとき，

$$\log_x 27 = \frac{\boxed{\text{ウ}}}{\log_3 x}$$

だから，$\log_3 x = t$ とおけば，$(*)$ は

$$2t - \frac{\boxed{\text{エオ}}}{t} \leqq 5 \quad \cdots\cdots (**)$$

と表せる．これを解けばいいね．

花子：じゃあここからは私が解いてみるね．

> **花子さんの解答**
> $(**)$ の両辺に t を掛けると
> $$2t^2 - 12 \leqq 5t$$
> $$\therefore \quad 2t^2 - 5t - 12 \leqq 0$$
> $$\therefore \quad (2t+3)(t-4) \leqq 0$$
> $$\therefore \quad -\frac{3}{2} \leqq t \leqq 4$$
> $$\therefore \quad -\frac{3}{2} \leqq \log_3 x \leqq 4$$
> $$\therefore \quad \log_3 3^{-\frac{3}{2}} \leqq \log_3 x \leqq \log_3 3^4$$
> よって，$\dfrac{\sqrt{3}}{9} \leqq x \leqq 81$

太郎：ん〜？　これは間違っているね．

花子：えっ？？　どこどこ？

花子さんの解答には致命的な間違いがある．間違いを訂正して答えを求めると，x の値の範囲は

$$\boxed{\text{カ}} < x \leqq \sqrt{\frac{\boxed{\text{キ}}}{\boxed{\text{ク}}}}, \quad \boxed{\text{ケ}} < x \leqq \boxed{\text{コサ}}$$

である．

（'06 センター試験・改）

$x \geqq 2$, $y \geqq 2$, $8 \leqq xy \leqq 16$ のとき, $z = \log_2 \sqrt{x} + \log_2 y$ の最大値を求めよう.

$s = \log_2 x$, $t = \log_2 y$ とおくと, s, t, $s+t$ のとり得る値の範囲はそれぞれ

$$s \geqq \boxed{\text{ア}}, \quad t \geqq \boxed{\text{ア}}, \quad \boxed{\text{イ}} \leqq s+t \leqq \boxed{\text{ウ}}$$

となる. また,

$$z = \frac{\boxed{\text{エ}}}{\boxed{\text{オ}}} s + t$$

が成り立つから, z は $s = \boxed{\text{カ}}$, $t = \boxed{\text{キ}}$ のとき最大値 $\dfrac{\boxed{\text{ク}}}{\boxed{\text{ケ}}}$ をとる.

したがって, z は $x = \boxed{\text{コ}}$, $y = \boxed{\text{サ}}$ のとき最大値 $\dfrac{\boxed{\text{ク}}}{\boxed{\text{ケ}}}$ をとる.

('09 センター試験)

x の関数 $f(x) = -\{\log_2(x^2 + \sqrt{2})\}^2 + 2\log_2(x^2 + \sqrt{2})$ について考える.

(1) $t = \log_2(x^2 + \sqrt{2})$ とおくと, $t \geqq \dfrac{\boxed{\text{ア}}}{\boxed{\text{イ}}}$ であるから, $f(x)$ の最大値は $\boxed{\text{ウ}}$ である.

(2) a を定数とするとき, $f(x) = a$ ……① が実数解をもつ条件は $a \leqq \boxed{\text{エ}}$ である. $a = \boxed{\text{エ}}$ のとき, 方程式①は $\boxed{\text{オ}}$ 個の実数解をもち, また, 方程式①が 3 個の実数解をもつのは $a = \dfrac{\boxed{\text{カ}}}{\boxed{\text{キ}}}$ のときである.

('97 センター試験・改)

第10章 三角関数

65 ✓ Check Box ☐☐ 解答は別冊 p.142

$0 \leqq \theta < 2\pi$ において

$$2\cos^2\theta + \sin\theta - 1 > 0, \quad \tan\theta < -\frac{1}{\sqrt{3}}$$

を同時に満たす θ の値の範囲は $\dfrac{\pi}{\boxed{ア}} < \theta < \dfrac{\boxed{イ}}{\boxed{ウ}}\pi$ である.

66 ✓ Check Box ☐☐ 解答は別冊 p.144

$0 \leqq \theta < \pi$ の範囲で関数 $f(\theta) = 3\cos 2\theta + 4\sin\theta$ を考える.

$\sin\theta = t$ とおけば

$$\cos 2\theta = \boxed{ア} - \boxed{イ}\, t^{\boxed{ウ}}$$

であるから, $y = f(\theta)$ とおくと

$$y = -\boxed{エ}\, t^{\boxed{ウ}} + \boxed{オ}\, t + \boxed{カ}$$

である. したがって, y の最大値は $\dfrac{\boxed{キク}}{3}$, 最小値は $\boxed{ケ}$ である.

また, α が $0 < \alpha < \dfrac{\pi}{2}$ を満たす角度で $f(\alpha) = 3$ のとき

$$\sin\left(\alpha + \frac{\pi}{6}\right) = \frac{\boxed{コ}\sqrt{\boxed{サ}} + \sqrt{\boxed{シ}}}{\boxed{ス}}$$

$$\cos\frac{\alpha}{2} = \frac{\sqrt{\boxed{セソ}} + \sqrt{\boxed{タ}}}{\boxed{チ}}$$

である.

('06 センター試験・改)

単位円周上の 3 点 A$(1, 0)$, P$(\cos\theta, \sin\theta)$, Q$(\cos 2\theta, \sin 2\theta)$ を考える. ただし, $0 \leqq \theta \leqq \dfrac{\pi}{2}$ とする. このとき,

$$PQ^2 = \boxed{\text{ア}} - \boxed{\text{イ}} \cos\theta$$
$$QA^2 = \boxed{\text{ウ}} - \boxed{\text{エ}} \cos\boxed{\text{オ}}\theta$$

である. よって, $PQ^2 + QA^2 = \dfrac{26}{9}$ となるのは

$$\cos\theta = \frac{\boxed{\text{カ}}}{\boxed{\text{キ}}}$$

のときである. $\cos\theta = \dfrac{\boxed{\text{カ}}}{\boxed{\text{キ}}}$ を満たす θ を α とすると, α は $\boxed{\text{ク}}$ を満たす. ただし, $\boxed{\text{ク}}$ には次の ⓪〜③ から選んでマークせよ.

⓪ $0 < \alpha < \dfrac{\pi}{6}$　　① $\dfrac{\pi}{6} < \alpha < \dfrac{\pi}{4}$　　② $\dfrac{\pi}{4} < \alpha < \dfrac{\pi}{3}$　　③ $\dfrac{\pi}{3} < \alpha < \dfrac{\pi}{2}$

✓Check Box ☐☐ 解答は別冊 p.148

a を正の定数とし，角 θ の関数 $f(\theta)=\sin(a\theta)+\sqrt{3}\cos(a\theta)$ を考える．

(1) $f(\theta)=\boxed{ア}\sin\left(a\theta+\dfrac{\pi}{\boxed{イ}}\right)$ である．

(2) $f(\theta)=0$ を満たす正の角 θ のうち最小のものは $\dfrac{\boxed{ウ}}{\boxed{エ}a}\pi$ であり，小さい方

から数えて 4 番目と 5 番目のものは，それぞれ $\dfrac{\boxed{オカ}}{\boxed{キ}a}\pi$，$\dfrac{\boxed{クケ}}{\boxed{コ}a}\pi$ である．

$0\leqq\theta\leqq\pi$ の範囲で，$f(\theta)=0$ を満たす θ がちょうど 4 個存在するような a

の範囲は $\dfrac{\boxed{サシ}}{\boxed{ス}}\leqq a<\dfrac{\boxed{セソ}}{\boxed{タ}}$ である．

(3) $f(\theta)$ の正の周期のうち最小のものが 4π であるとすると，$a=\dfrac{\boxed{チ}}{\boxed{ツ}}$ である．

このとき，$y=f(\theta)$ の $0\leqq\theta\leqq\pi$ の部分のグラフについて最も適当なものを，

次の ⓪〜⑨ のうちから 1 つ選べ．$\boxed{テ}$

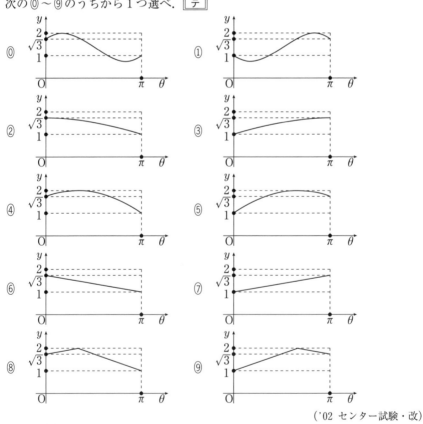

（'02 センター試験・改）

太郎さんと花子さんが, $0<\theta<\dfrac{\pi}{2}$ の範囲で

$$\sin 3\theta = \sin 2\theta$$

を満たす θ について考えている.

> 太郎：2倍角の公式と3倍角の公式を使って，角度を θ にするとよさそうだね.
> 花子：2倍角の公式は覚えているけど，3倍角の公式は覚えていないわ？
> 太郎：$\boxed{ア}$ を利用すれば証明できるよ.

(1) 3倍角の公式は $\boxed{ア}$ を利用すると，次のように証明できる. $\boxed{ア}$ に当てはまるものを，次の⓪～③から選んでマークせよ.

⓪ 因数分解 ① 背理法 ② 合成公式 ③ 加法定理

> 証明
> $\sin 3\theta = \sin(2\theta+\theta) = \sin 2\theta\cos\theta + \cos 2\theta\sin\theta$
> $\qquad = \boxed{イ}\sin\theta - \boxed{ウ}\sin^{\boxed{エ}}\theta$

> 花子：太郎さんがいうように，2倍角と3倍角の公式を用いると
> $\sin 3\theta = \sin 2\theta$ は
> $\boxed{オ}\cos^2\theta - \boxed{カ}\cos\theta - \boxed{キ} = 0$
> と変形できるね.
> 太郎：これを解くと，$\cos\theta>0$ だから
> $\cos\theta = \dfrac{\boxed{ク}+\sqrt{\boxed{ケ}}}{\boxed{コ}}$
> となるね.
> 花子：あれ？ $\cos\theta$ は求まったけど，これでは角度がわからないわ. 何か別の方法で求める必要があるわね.

(2) θ の値を求めると，$\theta = \dfrac{\pi}{\boxed{サ}}$ となる. これより，

$$\cos\dfrac{\pi}{\boxed{サ}} = \dfrac{\boxed{ク}+\sqrt{\boxed{ケ}}}{\boxed{コ}}$$

であることもわかる.

$-\dfrac{\pi}{2} \leqq \theta \leqq 0$ のとき，関数

$$y = \cos 2\theta + \sqrt{3}\,\sin 2\theta - 2\sqrt{3}\,\cos\theta - 2\sin\theta$$

の最小値を求めよう．

$t = \sin\theta + \sqrt{3}\,\cos\theta$ とおくと

$$t^2 = \boxed{\text{ア}}\,\cos^2\theta + \boxed{\text{イ}}\sqrt{\boxed{\text{ウ}}}\,\sin\theta\cos\theta + \boxed{\text{エ}}$$

であるから

$$y = t^2 - \boxed{\text{オ}}\,t - \boxed{\text{カ}}$$

となる．また

$$t = \boxed{\text{キ}}\,\sin\left(\theta + \dfrac{\pi}{\boxed{\text{ク}}}\right)$$

である．

$\theta + \dfrac{\pi}{\boxed{\text{ク}}}$ のとり得る値の範囲は

$$-\dfrac{\pi}{\boxed{\text{ケ}}} \leqq \theta + \dfrac{\pi}{\boxed{\text{ク}}} \leqq \dfrac{\pi}{\boxed{\text{ク}}}$$

であるから，t のとり得る値の範囲は

$$\boxed{\text{コサ}} \leqq t \leqq \sqrt{\boxed{\text{シ}}}$$

である．したがって，y は $t = \boxed{\text{ス}}$，すなわち $\theta = -\dfrac{\pi}{\boxed{\text{セ}}}$ のとき，最小値

$\boxed{\text{ソタ}}$ をとる．

（'11 センター試験）

実数 x, y が $x^2+y^2=1$, $y \geqq 0$ を満たすとき, $z=2x^2+4xy-y^2$ を最大にする x, y の値とそのときの z の値を求めよう.

$x^2+y^2=1$, $y \geqq 0$ により, $0 \leqq \theta \leqq \pi$ の範囲の θ を用いて, $x=\cos\theta$, $y=\sin\theta$ とおくことができる. z を θ を用いて表せば

$$z = \frac{1}{\boxed{ア}} + \frac{\boxed{イ}\cos 2\theta + \boxed{ウ}\sin 2\theta}{2}$$

$$= \frac{1}{\boxed{ア}} + \frac{\boxed{エ}}{2}\sin(2\theta+\alpha) \quad \cdots\cdots①$$

となる. ただし, α は, 鋭角 $\left(0<\alpha<\dfrac{\pi}{2}\right)$ で,

$$\sin\alpha = \frac{\boxed{イ}}{\boxed{エ}}, \quad \cos\alpha = \frac{\boxed{ウ}}{\boxed{エ}}$$

を満たすものとする.

$2\theta+\alpha$ のとり得る値の範囲が $\alpha \leqq 2\theta+\alpha \leqq 2\pi+\alpha$ であることに注意すると,

①により, $2\theta+\alpha = \dfrac{\pi}{\boxed{オ}}$ のとき, z は最大値 $\boxed{カ}$ をとることがわかる.

z が最大値 $\boxed{カ}$ をとるとき, $2\theta = \dfrac{\pi}{\boxed{オ}}-\alpha$ であるから,

$\cos 2\theta = \boxed{キ}$ となる. $\boxed{キ}$ に当てはまるものを, 次の ⓪〜③ のうちから1つ選べ.

⓪ $\dfrac{\sqrt{3}}{2}\sin\alpha + \dfrac{1}{2}\cos\alpha$ ① $\dfrac{\sqrt{2}}{2}\sin\alpha + \dfrac{\sqrt{2}}{2}\cos\alpha$

② $\sin\alpha$ ③ $-\sin\alpha$

また, $\theta = \dfrac{1}{2}\left(\dfrac{\pi}{\boxed{オ}}-\alpha\right)$ と $0<\alpha<\dfrac{\pi}{2}$ により, $\cos\theta>0$ である.

したがって, z が最大値 $\boxed{カ}$ をとるとき

$$x=\cos\theta = \frac{\boxed{ク}\sqrt{\boxed{ケ}}}{\boxed{コ}}, \quad y=\sin\theta = \frac{\sqrt{\boxed{サ}}}{\boxed{シ}}$$

であることがわかる.

72 ✓ Check Box ☐☐ 解答は別冊 p.158

平面上に3点 O(0, 0), A(2, 0), B(0, 4) が与えられている. また, 点 (−2, −1) を通り, 傾き a の直線を l とする.

(1) 直線 l の方程式は
$$y=ax+\boxed{ア}a-\boxed{イ}$$
である.

(2) 直線 l と線分 AB が交わるのは
$$\frac{\boxed{ウ}}{\boxed{エ}}\leqq a\leqq\frac{\boxed{オ}}{\boxed{カ}}$$

のときであり, 垂直になるのは $a=\dfrac{\boxed{キ}}{\boxed{ク}}$ のときである.

(3) 直線 l が △OAB の重心を通るとき, $a=\dfrac{\boxed{ケ}}{\boxed{コ}}$ であり, 直線 l は線分 AB

と $\left(\dfrac{\boxed{サシ}}{\boxed{スセ}},\ \dfrac{\boxed{ソタ}}{\boxed{スセ}}\right)$ で交わる. このとき, △OAB の周及び内部と, 不等式
$$y\leqq ax+\boxed{ア}a-\boxed{イ}$$
の表す領域との共通部分の面積は $\dfrac{\boxed{チツテ}}{\boxed{トナ}}$ である.

73 ✓ Check Box ☐☐ 解答は別冊 p.160

O を原点とする座標平面上に2点 A(6, 0), B(3, 3) をとり, 線分 AB を 2:1 に内分する点を P, 1:2 に外分する点を Q とする. 3点 O, P, Q を通る円を C とする.

(1) P の座標は ($\boxed{ア}$, $\boxed{イ}$) であり, Q の座標は($\boxed{ウ}$, $\boxed{エオ}$) である.

(2) 円 C の方程式を次のように求めよう. 線分 OP の中点を通り, OP に垂直な直線の方程式は
$$y=\boxed{カキ}x+\boxed{ク}$$
であり, 線分 PQ の中点を通り, PQ に垂直な直線の方程式は
$$y=x-\boxed{ケ}$$
である. これらの2直線の交点が円 C の中心であることから, 円 C の方程式は
$$(x-\boxed{コ})^2+(y+\boxed{サ})^2=\boxed{シス}$$
であることがわかる.

(3) 円 C と x 軸の2つの交点のうち, 点 O と異なる交点を R とすると, R は線分 OA を $\boxed{セ}$:1 に外分する.

(’13 センター試験)

74

✓ Check Box ☐☐ 解答は別冊 p.162

xy 平面において，方程式 $x^2+y^2-6x-2y+5=0$
で表される円を C，直線 $y=kx$ を l とする．このとき，

(1) 円 C の中心の座標は（ $\boxed{ア}$ ，$\boxed{イ}$ ）であり，半径は $\sqrt{\boxed{ウ}}$ である．

(2) 円 C と直線 l が異なる 2 点で交わるような k の値の範囲は

$$\frac{\boxed{エオ}}{\boxed{カ}}<k<\boxed{キ}$$

である．

(3) $k=\boxed{キ}$ とする．直線 l に関して，点 A$(p,\ q)$ と対称な点を B$(r,\ s)$ とする

と，直線 AB が直線 l と垂直だから，$s-q=\dfrac{\boxed{クケ}}{\boxed{コ}}(r-p)$ が成り立つ．また，

線分 AB の中点が直線 l 上にある．これらのことから

$$r=\frac{\boxed{サシ}}{\boxed{ス}}p+\frac{\boxed{セ}}{\boxed{ス}}q,\ \ s=\frac{\boxed{ソ}}{\boxed{タ}}p+\frac{\boxed{チ}}{\boxed{タ}}q$$

となる．直線 l に関して，円 C と対称な円の方程式は

$$x^2+y^2+\boxed{ツ}x-\boxed{テ}y+\boxed{ト}=0$$

である．

75

✓ Check Box ☐☐ 解答は別冊 p.164

座標平面上の原点を中心とする半径 $\sqrt{10}$ の円を C とする．点 P$\left(\dfrac{5}{4},\ \dfrac{15}{4}\right)$ から

円 C に 2 本の接線を引き，接点を Q，R とする．ただし，点 Q の x 座標は点 R の
x 座標より小さいものとする．

(1) 円 C 上の点 S$(a,\ b)$ における接線の方程式は

$$ax+by=\boxed{アイ}$$

であり，この接線が点 P を通るときは

$$a+\boxed{ウ}b=\boxed{エ}$$

が成り立つ．

(2) 点 Q，R の座標はそれぞれ，（ $\boxed{オカ}$ ，$\boxed{キ}$ ），$\left(\dfrac{\boxed{クケ}}{\boxed{コ}},\ \dfrac{\boxed{サ}}{\boxed{シ}}\right)$ である．

(3) 接線 PQ と x 軸の正の方向とのなす角を $\alpha\left(0<\alpha<\dfrac{\pi}{2}\right)$，接線 PR と x 軸の

正の方向とのなす角を $\beta\left(\dfrac{\pi}{2}<\beta<\pi\right)$ とすると

$$\tan\alpha=\frac{\boxed{ス}}{\boxed{セ}},\ \ \tan\beta=\frac{\boxed{ソタチ}}{\boxed{ツ}}$$

であり，$\tan\angle$QPR$=\dfrac{\boxed{テトナ}}{\boxed{ニ}}$ である．

(1) 2 定点 A(1, 1), B(4, 4) からの距離の比が 2 : 1 の点 P の軌跡は, 円

$$x^2 + y^2 - \boxed{アイ}x - \boxed{ウエ}y + \boxed{オカ} = 0$$

である.

(2) a が実数を動くとき, 放物線 $y = x^2 - 4ax + a^2 - 4a + 1$ の頂点の軌跡は, 放物線

$$y = -\frac{\boxed{キ}}{\boxed{ク}}x^2 - \boxed{ケ}x + \boxed{コ}$$

である.

(3) 円 $x^2 + y^2 = 1$ を C, 点 $(1, -2)$ を A とする. 点 Q(u, v) に関して, 点 A と対称な点を P(x, y) とすると

$$u = \frac{x + \boxed{サ}}{\boxed{シ}}, \quad v = \frac{y - \boxed{ス}}{\boxed{セ}}$$

が成り立つ. 点 Q が C 上を動くときの点 P の軌跡を D とすると, D は円

$$(x + \boxed{ソ})^2 + (y - \boxed{タ})^2 = \boxed{チ}$$

である.

(1) 座標平面上に点 A をとる. 点 P が放物線 $y = x^2$ 上を動くとき, 線分 AP の中点 M の軌跡を考える.

(i) 点 A の座標が $(0, -2)$ のとき, 点 M の軌跡の方程式として正しいものを, 次の⓪～⑤のうちから 1 つ選べ. $\boxed{ア}$

⓪ $y = x^2 - 1$ ① $y = 2x^2 - 1$ ② $y = \frac{1}{2}x^2 - 1$

③ $y = |x| - 1$ ④ $y = 2|x| - 1$ ⑤ $y = \frac{1}{2}|x| - 1$

(ii) p を実数とする. 点 A の座標が $(p, -2)$ のとき, 点 M の軌跡は(i)の軌跡を x 軸方向に $\boxed{イ}$ だけ平行移動したものである. $\boxed{イ}$ に当てはまるものを, 次の⓪～⑤のうちから 1 つ選べ.

⓪ $\frac{1}{2}p$ ① p ② $2p$

③ $-\frac{1}{2}p$ ④ $-p$ ⑤ $-2p$

(iii) p, q を実数とする. 点Aの座標が (p, q) のとき, 点Mの軌跡と放物線 $y=x^2$ との共有点について正しいものを, 次の ⓪ ～ ⑤ のうちから**すべて選べ**.
$\boxed{\text{ウ}}$

⓪ $q=0$ のとき, 共有点は常に2個である.

① $q=0$ のとき, 共有点が1個になるのは $p=0$ のときだけである.

② $q=0$ のとき, 共有点は0個, 1個, 2個のいずれの場合もある.

③ $q<p^2$ のとき, 共有点は常に0個である.

④ $q=p^2$ のとき, 共有点は常に1個である.

⑤ $q>p^2$ のとき, 共有点は常に0個である.

(2) ある円 C 上を動く点Qがある. 下の図は定点 O$(0, 0)$, A$_1(-9, 0)$, A$_2(-5, -5)$, A$_3(5, -5)$, A$_4(9, 0)$ に対して, 線分 OQ, A$_1$Q, A$_2$Q, A$_3$Q, A$_4$Q のそれぞれの中点の軌跡である. このとき, 円 C の方程式として最も適当なものを, 下の ⓪ ～ ⑦ のうちから1つ選べ. $\boxed{\text{エ}}$

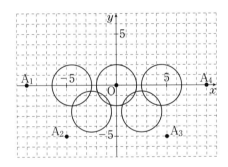

⓪ $x^2+y^2=1$ ① $x^2+y^2=2$

② $x^2+y^2=4$ ③ $x^2+y^2=16$

④ $x^2+(y+1)^2=1$ ⑤ $x^2+(y+1)^2=2$

⑥ $x^2+(y+1)^2=4$ ⑦ $x^2+(y+1)^2=16$

（'18 共通テスト試行調査）

100 g ずつ袋詰めされている食品AとBがある．1袋あたりのエネルギーは食品Aが 200 kcal，食品Bが 300 kcal であり，1袋あたりの脂質の含有量は食品Aが 4 g，食品Bが 2 g である．

(1) 太郎さんは，食品AとBを食べるにあたり，エネルギーは 1500 kcal 以下に，脂質は 16 g 以下に抑えたいと考えている．食べる量 (g) の合計が最も多くなるのは，食品AとBをどのような量の組合せで食べるときかを調べよう．ただし，一方のみを食べる場合も含めて考えるものとする．

(i) 食品Aを x 袋分，食品Bを y 袋分だけ食べるとする．このとき，x, y は次の条件①，②を満たす必要がある．

摂取するエネルギー量についての条件　　$\boxed{\text{ア}}$ ……①
摂取する脂質の量についての条件　　$\boxed{\text{イ}}$ ……②

$\boxed{\text{ア}}$，$\boxed{\text{イ}}$ に当てはまる式を，次の各解答群のうちから 1 つずつ選べ．

$\boxed{\text{ア}}$ の解答群

⓪　$200x + 300y \leqq 1500$　　①　$200x + 300y \geqq 1500$

②　$300x + 200y \leqq 1500$　　③　$300x + 200y \geqq 1500$

$\boxed{\text{イ}}$ の解答群

⓪　$2x + 4y \leqq 16$　　①　$2x + 4y \geqq 16$

②　$4x + 2y \leqq 16$　　③　$4x + 2y \geqq 16$

(ii) x, y の値と条件①，②の関係について正しいものを，次の⓪～③のうちから 2 つ選べ．ただし，解答の順序は問わない．$\boxed{\text{ウ}}$，$\boxed{\text{エ}}$

⓪　$(x, y) = (0, 5)$ は条件①を満たさないが，条件②は満たす．

①　$(x, y) = (5, 0)$ は条件①を満たすが，条件②は満たさない．

②　$(x, y) = (4, 1)$ は条件①も条件②も満たさない．

③　$(x, y) = (3, 2)$ は条件①と条件②をともに満たす．

(iii) 条件①，②をともに満たす (x, y) について，食品AとBを食べる量の最大値を2つの場合で考えてみよう．

食品 A，B が1袋を小分けにして食べるような食品のとき，すなわち x, y のとり得る値が実数の場合，食べる量の合計の最大値は $\boxed{\text{オカキ}}$ g である．

このときの (x, y) の組は，$(x, y) = \left(\dfrac{\boxed{\text{ク}}}{\boxed{\text{ケ}}}, \dfrac{\boxed{\text{コ}}}{\boxed{\text{サ}}} \right)$ である．

次に，食品 A，B が1袋を小分けにして食べられないような食品のとき，すなわち x, y のとり得る値が整数の場合，食べる量の合計の最大値は $\boxed{\text{シスセ}}$ g である．このときの (x, y) の組は $\boxed{\text{ソ}}$ 通りある．

(2) 花子さんは，食品AとBを合計 600 g 以上食べて，エネルギーは 1500 kcal 以下にしたい．脂質を最も少なくできるのは，食品 A，B が1袋を小分けにして食べられない食品の場合，A を $\boxed{\text{タ}}$ 袋，B を $\boxed{\text{チ}}$ 袋食べるときで，そのときの脂質は $\boxed{\text{ツテ}}$ g である．

（'18 共通テスト試行調査）

第12章 微分・積分

79 ✓Check Box ☐☐ 　解答は別冊 p.172

(1) 2つの放物線 $y=ax^2+2bx-1$, $y=-x^2+4x-3$ が x 座標 3 の点で接線を共有するとき，$a=\dfrac{\boxed{アイ}}{\boxed{ウ}}$，$b=\dfrac{\boxed{エ}}{\boxed{オ}}$ である．

(2) a を正の実数として，C_1，C_2 をそれぞれ次の2次関数のグラフとする．
$$C_1 : y=x^2$$
$$C_2 : y=x^2-4ax+4a(a+1)$$

また，C_1 と C_2 の両方に接する直線を l とする．

点 (t, t^2) における C_1 の接線の方程式は
$$y=\boxed{カ}\,tx-t^{\boxed{キ}}$$

であり，この直線が C_2 に接するのは $t=\boxed{ク}$ のときである．

したがって，直線 l の方程式は
$$y=\boxed{ケ}\,x-\boxed{コ}$$

であり，l と C_2 の接点の座標は
$$(\boxed{サ}\,a+\boxed{シ},\ \boxed{ス}\,a+\boxed{セ})$$

である．　　　　　　　　　　　　　　　　（'06 センター試験・改）

80 ✓Check Box ☐☐ 　解答は別冊 p.174

3次関数 $f(x)=2x^3-3x^2-36x+6$ を考える．

(1) $f(x)$ は，$x=\boxed{アイ}$ のとき，極大値 $\boxed{ウエ}$，$x=\boxed{オ}$ のとき，極小値 $\boxed{カキク}$ をとる．

(2) $y=f(x)$ のグラフを C とし，C 上の点 $(a, f(a))$ における接線を l とすると，l は
$$y=(\boxed{ケ}\,a^2-\boxed{コ}\,a-\boxed{サシ})x-\boxed{ス}\,a^3+\boxed{セ}\,a^2+\boxed{ソ}$$

である．C と l との共有点の x 座標は
$$x=a,\ x=\boxed{タチ}\,a+\dfrac{\boxed{ツ}}{\boxed{テ}}$$

であり，$a=\dfrac{\boxed{ト}}{\boxed{ナ}}$ のとき，C と l は接点以外に共有点をもたない．

（'87 共通1次・改）

81
☑ Check Box ☐☐☐　解答は別冊 p.176

(1) 3次関数 $f(x)=-x^3+ax^2+ax+2$ がすべての実数 x で極値をとらないとき，a のとり得る値の範囲は

$$\boxed{アイ}\leqq a\leqq\boxed{ウ}$$

である．

(2) a を定数とし，放物線 $y=x^2+2ax-a^3-2a^2$ を C，その頂点をPとする．
頂点Pの座標は

$$(\boxed{エ}a,\ -a^{\boxed{オ}}-\boxed{カ}a^2)$$

である．したがって，どのような定数 a についても，頂点Pは

$$y=x^{\boxed{キ}}-\boxed{ク}x^2$$

のグラフ上にある．

また，a が $-3\leqq a<1$ の範囲を動くとき，頂点Pの y 座標の値が最大となるのは $a=\boxed{ケ}$ と $a=\boxed{コサ}$ のときであり，最小となるのは $a=\boxed{シス}$ のときである．

（'05 センター試験・改）

82
☑ Check Box ☐☐☐　解答は別冊 p.178

曲線 $y=2x^3-3x$ を C とする．

(1) C 上の点 $(a,\ 2a^3-3a)$ における C の接線の方程式は

$$y=(\boxed{ア}a^{\boxed{イ}}-\boxed{ウ})x-\boxed{エ}a^{\boxed{オ}}$$

である．

(2) 上で求めた接線が点 $(1,\ b)$ を通るのは

$$b=\boxed{カキ}a^{\boxed{ク}}+\boxed{ケ}a^{\boxed{コ}}-\boxed{サ}$$

が成り立つときである．

(3) したがって，点 $(1,\ b)$ から C へ相異なる 3 本の接線が引けるのは

$$\boxed{シス}<b<\boxed{セソ}$$

のときである．

（'01 センター追試）

83

曲線 $y=-x^3+9x^2$ を C，曲線 $y=-x^3+6x^2+7x$ を D とする．曲線 C と D の交点の x 座標は $\boxed{ア}$ と $\dfrac{\boxed{イ}}{\boxed{ウ}}$ である．

$-1 \leqq x \leqq 2$ の範囲において，2曲線 C，D および2直線 $x=-1$，$x=2$ で囲まれた2つの図形の面積の和は $\dfrac{\boxed{エオ}}{\boxed{カ}}$ である．

（'10 センター試験・改）

84

座標平面上の2つの放物線 $C：y=x^2-3$，$D：y=kx^2$ が異なる2点で交わっている．この交点のうち x 座標が正である点をAとし，その x 座標を a とすると

$$k=\boxed{ア}-\frac{\boxed{イ}}{a^{\boxed{ウ}}}$$

である．このとき，2つの放物線 C，D で囲まれた図形の面積 S は

$$S=\boxed{エ}a$$

である．

また，点Aにおける放物線 D の接線 l の方程式は

$$y=\boxed{オ}\left(a-\frac{\boxed{カ}}{a}\right)x-a^{\boxed{キ}}+\boxed{ク}$$

である．直線 l は，点Aと異なる点Bで放物線 C と交わり，Bの x 座標は

$$a-\frac{\boxed{ケ}}{a}$$

である．

点Bの x 座標が -1 のとき，$a=\boxed{コ}$ であり，放物線 D と直線 l と y 軸とで囲まれた図形の面積は $\dfrac{\boxed{サ}}{\boxed{シ}}$ である．

（'95 センター試験・改）

(1) 関数 $f(x)=\dfrac{1}{2}x^2$ の $x=a$ における微分係数 $f'(a)$ を求めよう. h が 0 でないとき, x が a から $a+h$ まで変化するときの $f(x)$ の平均変化率は, ┃ア┃である.

したがって, 求める微分係数は
$$f'(a)=\lim_{h\to\boxed{イ}}(\boxed{ア})=\boxed{ウ}$$
である.

┃ア┃, ┃ウ┃ の解答群

⓪ a　　① $\dfrac{a}{2}$　　② $a+h$　　③ $\dfrac{a}{2}+h$　　④ $a+\dfrac{h}{2}$　　⑤ $\dfrac{a}{2}+\dfrac{h}{2}$

(2) 放物線 $y=\dfrac{1}{2}x^2$ を C とし, C 上に点 $\mathrm{P}\!\left(a,\ \dfrac{1}{2}a^2\right)$ をとる. ただし, $a>0$ とする. 点 P における C の接線 l の方程式は
$$y=\boxed{ウ}\,x-\dfrac{1}{\boxed{エ}}a^2$$
である. 直線 l と x 軸との交点 Q の座標は $\left(\dfrac{a}{\boxed{オ}},\ 0\right)$ である. 点 Q を通り l に垂直な直線を m とすると, m の方程式は
$$y=\dfrac{\boxed{カキ}}{a}x+\dfrac{\boxed{ク}}{\boxed{ケ}}$$
である.

直線 m と y 軸との交点を A とする. 三角形 APQ の面積を S とおくと $S=\dfrac{a(a^2+\boxed{コ})}{\boxed{サ}}$ となる. また, y 軸と線分 AP および曲線 C によって囲まれた図形の面積を T とおくと $T=\dfrac{a(a^2+\boxed{シ})}{\boxed{スセ}}$ となる.

$a>0$ の範囲における $S-T$ の値について調べよう.
$$S-T=\dfrac{a(a^2-\boxed{ソ})}{\boxed{タチ}}$$
である. $a>0$ であるから, $S-T>0$ となるような a のとり得る値の範囲は $a>\sqrt{\boxed{ツ}}$ である. また, $a>0$ のときの $S-T$ の増減を調べると, $S-T$ は $a=\boxed{テ}$ で最小値 $\dfrac{\boxed{トナ}}{\boxed{ニヌ}}$ をとることがわかる.

('15 センター試験・改)

a を定数とする. 関数 $f(x)$ に対し,

$S(x) = \int_a^x f(t)\,dt$ とおく. このとき, 関数 $S(x)$

の増減から $y = f(x)$ のグラフの概形を考えよう.

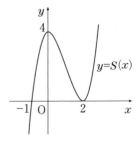

(1) $S(x)$ は 3 次関数であるとし, $y = S(x)$ のグ
ラフは右の図のように, 2 点 $(-1, 0)$, $(0, 4)$ を
通り, 点 $(2, 0)$ で x 軸に接しているとする.

このとき,

$$S(x) = (x + \boxed{\text{ア}})(x - \boxed{\text{イ}})^{\boxed{\text{ウ}}}$$

である. $S(a) = \boxed{\text{エ}}$ であるから, a を負の定数とするとき, $a = \boxed{\text{オカ}}$ である.
関数 $S(x)$ は $x = \boxed{\text{キ}}$ を境に増加から減少に移り, $x = \boxed{\text{ク}}$ を境に減少から
増加に移っている. したがって, 関数 $f(x)$ について, $x = \boxed{\text{キ}}$ のとき $\boxed{\text{ケ}}$ で
あり, $x = \boxed{\text{ク}}$ のとき $\boxed{\text{コ}}$ である. また, $\boxed{\text{キ}} < x < \boxed{\text{ク}}$ の範囲では $\boxed{\text{サ}}$ で
ある. $\boxed{\text{ケ}}$, $\boxed{\text{コ}}$, $\boxed{\text{サ}}$ については, 当てはまるものを, 次の ⓪ ～ ④ のうちか
ら 1 つずつ選べ. ただし, 同じものを繰り返し選んでもよい.

⓪ $f(x)$ の値は 0   ① $f(x)$ の値は正

② $f(x)$ の値は負   ③ $f(x)$ は極大

④ $f(x)$ は極小

　$y = f(x)$ のグラフの概形として最も適当なものを, 次の ⓪ ～ ⑤ のうちから
1 つ選べ. $\boxed{\text{シ}}$

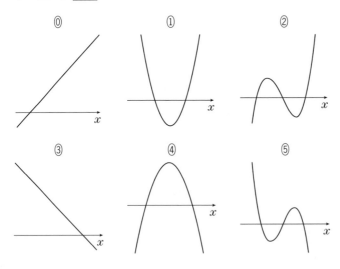

(2) (1)からわかるように，関数 $S(x)$ の増減から $y=f(x)$ のグラフの概形を考えることができる．

$a=0$ とする．次の⓪〜④は $y=S(x)$ のグラフの概形と $y=f(x)$ のグラフの概形の組である．このうち，$S(x)=\int_0^x f(t)\,dt$ の関係と矛盾するものを <u>2</u> つ選べ． 　ス

⓪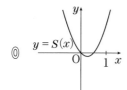

①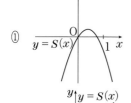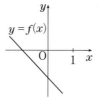

②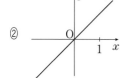

③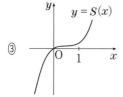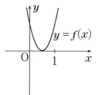

④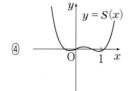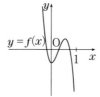

（'18 共通テスト試行調査）

87 ✓Check Box □□ 解答は別冊 p.192

(1) ある等差数列の第 n 項を a_n とするとき,

$$a_{10}+a_{11}+a_{12}+a_{13}+a_{14}=365, \quad a_{15}+a_{17}+a_{19}=-6$$

が成立している. このとき, この等差数列の初項は $\boxed{アイウ}$, 公差は $\boxed{エオカ}$ である.

(2) 数列 $\{b_n\}$ を初項 b_1 が1で公比が $\dfrac{1}{3}$ の等比数列とする. 数列 $\{b_n\}$ の偶数番目の項を取り出して, 数列 $\{c_n\}$ を $c_n=b_{2n}$ ($n=1$, 2, 3, $\cdots$) で定める.

$T_n=\displaystyle\sum_{k=1}^{n}c_k$ とおく. $\{c_n\}$ も等比数列であり, その初項は $\dfrac{\boxed{キ}}{\boxed{ク}}$, 公比は $\dfrac{\boxed{ケ}}{\boxed{コ}}$ である. したがって

$$T_n=\dfrac{\boxed{サ}}{\boxed{シ}}\left(1-\dfrac{\boxed{ス}}{\boxed{セ}}^n\right)$$

である. また, 積 $c_1c_2\cdots c_n$ を求めると

$$c_1c_2\cdots c_n=\dfrac{\boxed{ソ}}{\boxed{タ}^{n^2}}$$

となる.

('09 センター試験・改)

88 ✓Check Box □□ 解答は別冊 p.194

$a\neq0$, $b\neq0$ とする.

数列 $\{a_n\}$ は, 初項 a, 公差 d の等差数列, 数列 $\{b_n\}$ は初項 b, 公比 r の等比数列であり, $c_n=a_n+b_n$ とするとき, $c_1=2$, $c_2=5$, $c_3=9$, $c_4=15$ を満たしている.

(1) 条件から

$$c_1=a+b=2, \quad c_2=a+d+br=5$$
$$c_3=a+\boxed{ア}d+br^{\boxed{イ}}=9, \quad c_4=a+\boxed{ウ}d+br^{\boxed{エ}}=15$$

が成り立つので, $c_1+c_3-2c_2$ より

$$br^2-\boxed{オ}br+b=\boxed{カ}$$

$c_2+c_4-2c_3$ より

$$br^3-\boxed{オ}br^2+br=\boxed{キ}$$

であるので, $r=\boxed{ク}$, $b=\boxed{ケ}$, $a=\boxed{コ}$, $d=\boxed{サ}$ となる.

(2) $S_n=\displaystyle\sum_{k=1}^{n}a_kb_k$ とおくと, S_n-rS_n を計算することにより

$$S_n=(\boxed{シ}n-\boxed{ス})\cdot\boxed{セ}^n+\boxed{ソ}$$

となる.

MさんとTさんが定期テスト前に，数列の和について話している．2人の会話を読んで次の問いに答えよ．

(1)

> Mさん：公式 $\displaystyle\sum_{k=1}^{n}k=\frac{1}{2}n(n+1)$ って，なんでこうなるんだっけ？
>
> Tさん：それは，$a_k=k$ とおくと，数列 $\{a_k\}$ が ┃ア┃ だからじゃない．
>
> Mさん：なるほど．別に暗記する必要ないんだね．それじゃあ，公式
> $$\sum_{k=1}^{n}k^2=\frac{n(n+1)(2n+1)}{6}\quad\cdots\cdots(*)\quad\text{ってなんで成り立つの？}$$

┃ア┃ に当てはまるものを，次の⓪〜③から選んでマークせよ．

⓪　等比数列　　①　階差数列　　②　等差数列　　③　周期数列

(2)

> Tさん：いきなりやってもわからないと思うから，ちょっと別の問題で練習してから導いてみようよ．まずは，この問題できる？

> ┃問題A┃：$\displaystyle\sum_{k=1}^{n}\frac{1}{k(k+1)}$ を求めよ．

> Mさん：これは，授業でやったからわかるよ．
> $$\frac{1}{k(k+1)}=\frac{1}{k}-\frac{1}{k+1}$$
> と変形して和を求めると，┃イ┃ になるわ．

┃イ┃ に当てはまるものを，次の⓪〜③から選んでマークせよ．

⓪　$\dfrac{n}{n+1}$　　①　$\dfrac{n+2}{n+1}$　　②　$\dfrac{1}{n+1}$　　③　$\dfrac{n+1}{n}$

(3)

> ┃問題B┃：$\displaystyle\sum_{k=1}^{n}\frac{1}{\sqrt{k+1}+\sqrt{k}}$ を求めよ．

> Tさん：それじゃあ，これはどう？
>
> Mさん：これはわからないわ？　やったことないもの．
>
> Tさん：分母に無理数があると計算しにくいから，そんな時は？
>
> Mさん：分母の有理化ね．有理化すると〜……
> 　　　　答えは，┃ウ┃ ね．

$\boxed{ウ}$ に当てはまるものを，次の⓪〜③から選んでマークせよ．

⓪ $\sqrt{n+1}$　　① $\sqrt{n+1}-1$　　② $\sqrt{n+1}-\sqrt{n}$　　③ $\sqrt{n+1}+\sqrt{n}$

(4)

> Mさん：わかった！　一般に数列 $\{a_n\}$ の和を求めるには，数列 $\{a_n\}$ を適
> 当な数列 $\{b_n\}$ に対して，$a_n=b_{n+1}-b_n$ と表せたらよいのね．

$\boxed{エ}$〜$\boxed{コ}$ には数値を，$\boxed{サ}$，$\boxed{シ}$ には，当てはまるものを，次の⓪〜③か
らそれぞれ選んでマークせよ．ただし，同じものを繰り返し選んでもよい．

⓪ n　　① $n+1$　　② $n-1$　　③ 1

$b_k=pk^3+qk^2+rk$ に対して，$k^2=b_{k+1}-b_k$ が成り立つとき，

$$p=\frac{\boxed{エ}}{\boxed{オ}},\quad q=\frac{\boxed{カキ}}{\boxed{ク}},\quad r=\frac{\boxed{ケ}}{\boxed{コ}}$$

である．これより，

$$\sum_{k=1}^{n}k^2=b_{\boxed{サ}}-b_{\boxed{シ}}=\frac{n(n+1)(2n+1)}{6}\quad\cdots\cdots(*)$$

を導くことができる．

右の図のように奇数を三角形状に並べる.
上から m 段目にあり,その段の左から n 番
目にある数を $a(m,\ n)$ と表す.

(1) ア, イ には当てはまるものを,次の
⓪〜③からそれぞれ選んでマークせよ.

⓪ $2m-1$

① m^2

② $2m^2-1$

③ $2m^2+1$

m 段目の右端の項を a_m とすると, ア 番目の奇数であるから, $a_m=$ イ
である.

(2) $a(m,\ n)=2019$ となるとき,

$$m=\boxed{\text{ウエ}},\ n=\boxed{\text{オカ}}$$

である.

(3) m 段の真ん中にある数を b_m とする. キ, サ, シ には当てはまるもの
を,次の⓪〜⑧からそれぞれ選んでマークせよ.

⓪ m^2 ① m^2-m ② m^2-m+1

③ k ④ $k+1$ ⑤ $2k-1$

⑥ kb_k ⑦ $2b_k-1$ ⑧ b_k+k+1

(i) b_m は キ 番目の正の奇数であるので, $b_m=\boxed{\text{ク}}m^2-\boxed{\text{ケ}}m+\boxed{\text{コ}}$ であ
る.

(ii) 各段の左から奇数番目の項を m 段まで加えた和 T_m を求めたい.

k 段 $(1\leqq k\leqq m)$ の左から奇数番目の項は全部で サ 個あり,その総和は
シ であるから,

$$T_m=\frac{1}{\boxed{\text{ス}}}m(m+1)(\boxed{\text{セ}}m^2-m+\boxed{\text{ソ}})$$

次の $\boxed{\text{ア}}$ ～ $\boxed{\text{ウ}}$ に当てはまるものを，次の ⓪～③ からそれぞれ選んでマークせよ．

⓪ $a_n=2n+1$ $(n\geqq1)$　　① $a_n=\begin{cases} 4 & (n=1) \\ 2n+1 & (n\geqq2) \end{cases}$

② $a_n=2^{n-1}$ $(n\geqq1)$　　③ $a_n=\begin{cases} 1 & (n=1) \\ 2^{n-2} & (n\geqq2) \end{cases}$

　数列 $\{a_n\}$ の初項から第 n 項までの和を S_n とする．このとき，

(1) $S_n=n^2+2n$ $(n\geqq1)$ のとき，$\boxed{\text{ア}}$ である．

(2) $S_n=n^2+2n+1$ $(n\geqq1)$ のとき，$\boxed{\text{イ}}$ である．

(3) $a_1=1$, $\displaystyle\sum_{k=1}^{n}a_k=a_{n+1}$ $(n\geqq1)$ のとき，$\boxed{\text{ウ}}$ である．

以下の問いに答えよ．

(1) $a_1=2$, $a_{n+1}=2a_n+1$ $(n\geqq1)$ を満たす数列 $\{a_n\}$ の一般項は
$$a_n=\boxed{\text{ア}}\cdot\boxed{\text{イ}}^{\,n-1}-\boxed{\text{ウ}}$$

(2) $b_1=1$, $b_{n+1}=2b_n+n$ $(n\geqq1)$ ……(＊)

を満たす数列 $\{b_n\}$ の一般項を次の**方針1**，**方針2**の方法で求めよう．

$\boxed{\text{方針1}}$：$p_n=b_{n+1}-b_n$ とおくと，

　　$p_1=\boxed{\text{エ}}$ であり，$p_{n+1}=\boxed{\text{オ}}\,p_n+\boxed{\text{カ}}$ が成り立つ．

　　これより，$p_n=\boxed{\text{キ}}\cdot\boxed{\text{ク}}^{\,n-1}-\boxed{\text{ケ}}$ となり，

　　$b_n=\boxed{\text{コ}}\cdot\boxed{\text{サ}}^{\,n-1}-n-\boxed{\text{シ}}$

$\boxed{\text{方針2}}$：(＊)は

　　$b_{n+1}+\alpha(n+1)+\beta=\boxed{\text{ス}}\,(b_n+\alpha n+\beta)$

　　と変形すると，$\alpha=\boxed{\text{セ}}$, $\beta=\boxed{\text{ソ}}$ となる．よって，

　　$b_n=\boxed{\text{コ}}\cdot\boxed{\text{サ}}^{\,n-1}-n-\boxed{\text{シ}}$

$a_1 = 6$, $a_2 = 1$, $a_{n+2} = \dfrac{1 + a_{n+1}}{a_n}$ $(n = 1, 2, \cdots)$ によって定められる数列 $\{a_n\}$ を考える.

(1) $a_3 = \dfrac{\boxed{\text{ア}}}{\boxed{\text{イ}}}$, $a_4 = \dfrac{\boxed{\text{ウ}}}{\boxed{\text{エ}}}$, $a_5 = \boxed{\text{オ}}$, $a_6 = \boxed{\text{カ}}$, $a_7 = \boxed{\text{キ}}$ であることから,

$a_{n+p} = a_n$ を満たす最小の自然数 p は $\boxed{\text{ク}}$ である.

(2) 数列 $\{b_n\}$ は, 初項 31, 公比 2 の等比数列とする. この数列 $\{b_n\}$ に対して, $c_n = a_n b_n$ と定義する. このとき, 数列 $\{c_n\}$ の初項から第 100 項までの和を求めよう.

(i) 次の【方針 1】または【方針 2】について, $\boxed{\text{ケ}}$ には当てはまるものを, 次の ⓪～③ から選んでマークせよ. また, $\boxed{\text{コサ}}$, $\boxed{\text{シスセ}}$, $\boxed{\text{ソタ}}$ に当てはまる数値を求めよ.

⓪ 等比数列　　① 階差数列　　② 等差数列　　③ 周期数列

【方針 1】

自然数 k に対して, 数列 $\{c_{5k-4}\}$, $\{c_{5k-3}\}$, $\{c_{5k-2}\}$, $\{c_{5k-1}\}$, $\{c_{5k}\}$ がそれぞれ $\boxed{\text{ケ}}$ であることから,

$$\sum_{k=1}^{\boxed{\text{コサ}}} c_{5k-4}, \quad \sum_{k=1}^{\boxed{\text{コサ}}} c_{5k-3}, \quad \sum_{k=1}^{\boxed{\text{コサ}}} c_{5k-2}, \quad \sum_{k=1}^{\boxed{\text{コサ}}} c_{5k-1}, \quad \sum_{k=1}^{\boxed{\text{コサ}}} c_{5k}$$

をそれぞれ計算して加える.

【方針 2】

$S_k = c_{5k-4} + c_{5k-3} + c_{5k-2} + c_{5k-1} + c_{5k}$ $(k \geqq 1)$ とおくと,

$$S_k = 31 \times \boxed{\text{シスセ}} \times \boxed{\text{ソタ}}^{\,k-1}$$

となることを利用する.

(ii) 【方針 1】または【方針 2】を用いて $\displaystyle\sum_{k=1}^{100} c_k$ を求めると,

$$\sum_{k=1}^{100} c_k = \boxed{\text{チツテ}} \left(\boxed{\text{ト}}^{\,100} - \boxed{\text{ナ}} \right)$$ である.

第1列に1軒の家，第2列に2軒の家，……，第 n 列に 2^{n-1} 軒の家がある．図1のように，各家からは次の列の2軒の家へそれぞれ1本の道があり，また各家は前の列の家から1本の道で結ばれている．郵便屋さんが，第1列の1軒から出発して，第 n 列までの全ての家を回り，再び出発点に戻る最短の道のりの距離の総和を S_n とする．ただし，1本の道の長さは1とする．

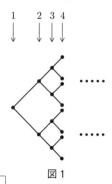

図1

(1) S_n を求めるために，2つの方針で考える．

【方針1】
1本の道を必ず1往復することを利用する．

第 n 列には $\boxed{ア}$ 軒の家があることに注意すると，
$$S_1=0, \quad S_2=2\times2=4, \quad S_3=(2+2^2)\times2=12$$
であることから，
$$S_n=(2+2^2+\cdots\cdots+2^{\boxed{イ}})\times2=\boxed{ウ}$$

$\boxed{ア}$ の解答群

⓪ 2^{n-1} ① 2^n ② 2^{n+1}

$\boxed{イ}$ の解答群

⓪ $n-1$ ① n ② $n+1$

$\boxed{ウ}$ の解答群

⓪ 2^n-4 ① $2^{n+1}-4$ ② $2^{n+2}-4$

【方針2】
S_n と S_{n+1} の関係を利用する．

第 $n+1$ 列まであるとき，初めにどちらの道を進むかで場合分けすると，S_n と S_{n+1} の関係は
$$S_{n+1}=\boxed{エ}S_n+\boxed{オ}$$
となるから，$S_1=0$ とから，$S_n=\boxed{ウ}$ となる．

(2) (1)で考えた第1列から第n列までの最短経路の総数を T_n とする．ただし，$T_1=1$ とする．第n列には，家が $\boxed{ア}$ 軒あり，各家から次の2軒のどちらにいくかは各々2通りあるから，

$$T_2=\boxed{カ}, \quad T_3=\boxed{キ}, \quad T_n=2^{\boxed{ク}}=2^{\boxed{ケ}}$$

であり，$T_{n+1}=\boxed{コ}$ をみたす．

$\boxed{ク}$ の解答群

⓪ $1+2+3+\cdots\cdots+(n-1)$ ① $1+3+5+\cdots\cdots+(2n-3)$

② $1+2+2^2+\cdots\cdots+2^{n-2}$ ③ $2+2^3+\cdots\cdots+2^{2n-3}$

$\boxed{ケ}$ の解答群

⓪ $\dfrac{n(n-1)}{2}$ ① $(n-1)^2$ ② $2^{n-1}-1$ ③ 2^n-2

$\boxed{コ}$ の解答群

⓪ $2^n T_n$ ① $2^{2n-1} T_n$ ② $2T_n^2$ ③ $4T_n^2$

(慶應義塾大・改)

太郎さんと花子さんは数列の漸化式に関する問題について話している．2人の会話を読んで，下の問いに答えよ．

> 問題 $a_1=2$, $a_{n+1}=\dfrac{n+2}{n}a_n+1$ $(n=1, 2, \cdots)$ ……(＊) によって定義される数列 $\{a_n\}$ の一般項を求めよ．

(1)

> 太郎：こんな漸化式の問題解いたことないや．どうすればいいんだろう．
> 花子：そういうときは，$n=1, 2, 3, 4, \cdots$ を代入して具体的な数列の様子を調べてみるといいんじゃない．
> 太郎：$a_2=7$, $a_3=15$, $a_4=26$ となったけど…．
> 花子：階差数列を考えてみたらどうかな？

数列 $\{a_n\}$ の階差数列 $\{b_n\}$ を $b_n=a_{n+1}-a_n$ $(n=1, 2, 3, \cdots)$ と定める．

(i) $b_1=\boxed{\text{ア}}$ であり，$b_n=\boxed{\text{イ}}n+\boxed{\text{ウ}}$ と予想できる．

(ii) $a_n=\dfrac{n(\boxed{\text{エ}}n+\boxed{\text{オ}})}{\boxed{\text{カ}}}$ ……① と予想できる．

(2) 2人は引き続き問題について会話をしている．

> 花子：これはあくまでも予想だから，正しいことを証明する必要があるわね．
> 太郎：$\boxed{\text{キ}}$ を利用すればいいね．

(i) $\boxed{\text{キ}}$ に当てはまるものを，次の⓪〜③のうちから1つ選べ．

⓪ 背理法　　① 弧度法　　② 数学的帰納法　　③ 対偶法

(ii) この予想が正しいことを，$\boxed{\text{キ}}$ によって証明しよう．

[Ⅰ] $n=1$ のとき，$a_1=2$ より①は成り立つ．

[Ⅱ] $n=k$ のとき①が成り立つと仮定すると，(＊)より

$$a_{k+1}=\frac{k+2}{k}a_k+1=\boxed{\text{ク}}$$ である．

よって，$n=\boxed{\text{ケ}}$ のときも①は成り立つ．

$\boxed{ク}$, $\boxed{ケ}$ に当てはまるものを, 次の ⓪ ～ ⑤ のうちから 1 つずつ選べ. ただし, 同じものを選んでもよい.

⓪ $\dfrac{k(3k+2)}{2}$ ① $\dfrac{(k+1)(3k+4)}{2}$ ② $\dfrac{(k+2)(3k+4)}{2}$

③ $2k+1$ ④ $2k$ ⑤ $k+1$

(3)

> 太郎：これで正しいことが証明できたね.
>
> そこへ, D 先生が現れた.
>
> D先生：2 人ともよくできたね. 感心感心! でもね, 実は,
>
> $$c_n = \frac{a_n}{n(n+1)} \text{ とおいてもできるよ. やってごらん.}$$

$c_n = \dfrac{a_n}{n(n+1)}$ とおくと, (*) は $\boxed{コ} < \boxed{サ}$ として

$$c_{n+1} = c_n + \frac{1}{(n+\boxed{コ})(n+\boxed{サ})}$$

と変形できる. これより, $c_n = \dfrac{\boxed{シ}}{\boxed{ス}} - \dfrac{\boxed{セ}}{n+1}$ となり, a_n が求まる.

> 花子：これよりももっと簡単に解く方法見つけちゃった.
>
> 太郎：どうやるの?
>
> 花子：教えな～い.

以下の問題を解答するにあたっては，必要に応じて問題編巻末の正規分布表を用いてもよい．

96 ✓Check Box ☐☐ 解答は別冊 p.212

数字 1 が書かれた玉 a 個 $(a \geqq 1)$ と，数字 2 が書かれた玉 1 個がある．これら $a+1$ 個の玉を母集団として，玉に書かれている数字を変量とする．このとき，この母集団から 3 つの玉を復元抽出したとき，順に数字を X_1，X_2，X_3 とすると，標本平均 $\overline{X} = \dfrac{X_1 + X_2 + X_3}{3}$ の平均 $E(\overline{X})$ が $\dfrac{3}{2}$ となった．このとき，$\overline{X}$ の確率分布とその分散 $V(\overline{X})$ を求めよう．ただし，復元抽出とは，母集団の中から標本を抽出するのに，毎回もとに戻してから次のものを 1 個取り出す抽出法である．

(1) $E(X_1) = E(X_2) = E(X_3) = \dfrac{a + \boxed{ア}}{a + \boxed{イ}}$ であることに注意すると

$$E(\overline{X}) = \frac{a + \boxed{ウ}}{a + \boxed{エ}}$$

となるので，$a = \boxed{オ}$ である．

(2) $\overline{X}$ の取りうる値は，1，$\dfrac{\boxed{カ}}{\boxed{キ}}$，$\dfrac{\boxed{ク}}{\boxed{ケ}}$，2 であり

$$P(\overline{X} = 1) = P(\overline{X} = 2) = \frac{\boxed{コ}}{\boxed{サ}}$$

$$P\left(\overline{X} = \frac{\boxed{カ}}{\boxed{キ}}\right) = P\left(\overline{X} = \frac{\boxed{ク}}{\boxed{ケ}}\right) = \frac{\boxed{シ}}{\boxed{ス}}$$

であるから，$V(\overline{X}) = \dfrac{\boxed{セ}}{\boxed{ソタ}}$ である．

(鹿児島大・改)

97 ✓Check Box ☐☐ 解答は別冊 p.214

1 つのサイコロを 9 回投げるとき，1 または 6 の出る回数を確率変数 X で表す．

(1) このとき，X の期待値は $\boxed{ア}$，X の標準偏差は $\sqrt{\boxed{イ}}$ である．

(2) a，b は定数で，$a > 0$ とする．$Y = aX + b$ とおくとき，確率変数 Y の期待値が 0，分散が 1 となるという．このとき，$a = \dfrac{\boxed{ウ}}{\sqrt{\boxed{エ}}}$，$b = \dfrac{\boxed{オカ}}{\sqrt{\boxed{キ}}}$ である．

　B 地区で収穫され，出荷される予定のジャガイモ 1 個の重さは 100 g から 300 g の間に分布している．B 地区で収穫され，出荷される予定のジャガイモ 1 個の重さを表す確率変数を X とするとき，X は連続型確率変数であり，X のとり得る値 x の範囲は $100 \leqq x \leqq 300$ である．

　花子さんは，B 地区で収穫され，出荷される予定のすべてのジャガイモのうち，重さが 200 g 以上のものの割合を見積もりたいと考えた．そのために花子さんは，X の確率密度関数 $f(x)$ として適当な関数を定め，それを用いて割合を見積もるという方針を立てた．

　B 地区で収穫され，出荷される予定のジャガイモから 206 個を無作為に抽出したところ，重さの標本平均は 180 g であった．図 1 はこの標本のヒストグラムである．

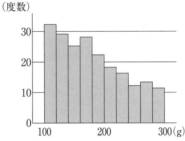

(度数)

図 1　ジャガイモの重さのヒストグラム

　花子さんは図 1 のヒストグラムにおいて，重さ x の増加とともに度数がほぼ一定の割合で減少している傾向に着目し，X の確率密度関数 $f(x)$ として，1 次関数

$$f(x) = ax + b \quad (100 \leqq x \leqq 300)$$

を考えることにした．ただし，$100 \leqq x \leqq 300$ の範囲で $f(x) \geqq 0$ とする．

　このとき，$P(100 \leqq X \leqq 300) = \boxed{\text{ア}}$ であることから

$$\boxed{\text{イ}} \cdot 10^4 a + \boxed{\text{ウ}} \cdot 10^2 b = \boxed{\text{ア}} \quad \cdots\cdots①$$

である．

　花子さんは，X の平均 (期待値) が重さの標本平均 180 g と等しくなるように確率密度関数を定める方法を用いることにした．

　連続型確率変数 X のとり得る値 x の範囲が $100 \leqq x \leqq 300$ で，その確率密度関数が $f(x)$ のとき，X の平均 (期待値) m は

$$m = \int_{100}^{300} x f(x) \, dx$$

で定義される．この定義と花子さんの採用した方法から

$$m = \frac{26}{3} \cdot 10^6 a + 4 \cdot 10^4 b = 180 \quad \cdots\cdots②$$

となる．①と②により，確率密度関数は

$$f(x) = -\boxed{エ} \cdot 10^{-5}x + \boxed{オカ} \cdot 10^{-3} \quad \cdots\cdots③$$

と得られる．このようにして得られた③の $f(x)$ は，$100 \leqq x \leqq 300$ の範囲で $f(x) \geqq 0$ を満たしており，確かに確率密度関数として適当である．

したがって，この花子さんの方針に基づくと，B地区で収穫され，出荷される予定のすべてのジャガイモのうち，重さが $200\,\mathrm{g}$ 以上のものは $\boxed{キ}$ % あると見積もることができる．

$\boxed{キ}$ については，最も適当なものを，次の⓪～③のうちから1つ選べ．

⓪ 33 ① 34 ② 35 ③ 36

（'22 共通テスト）

99 ✓Check Box □□ 解答は別冊 p.218

ある国では，その国民の血液型の割合は，O型 30%，A型 35%，B型 25%，AB型 10% であるといわれている．いま無作為に 400 人を選ぶとき，AB型の人が 37 人以上 49 人以下となる確率は $\boxed{ア}$ である．ただし，$\boxed{ア}$ は，下の⓪～⑤から最も適当なものを選んでマークせよ．

⓪ 0.1017 ① 0.2133 ② 0.3411
③ 0.5612 ④ 0.6247 ⑤ 0.8321

ある年の 20 歳の男子学生（母集団）の体重 X kg は，平均値 m，標準偏差 6.9 の正規分布に従うという．この母集団からランダムに n 人からなる標本を何度も抽出するとき，この標本の平均 $\overline{X}$ は平均値 $\boxed{\text{ア}}$，標準偏差 $\boxed{\text{イ}}$ の正規分布に従う．母平均の 95 % の信頼区間の幅を 1 kg 以下にするには，$n \geqq \boxed{\text{ウ}}$ とすればよい．ただし，$\boxed{\text{ウ}}$ には当てはまる数の中で最小の数を答えよ．

$\boxed{\text{ア}}$，$\boxed{\text{イ}}$ の選択肢

⓪ m 　　① mn 　　② $\dfrac{m}{n}$ 　　③ $\dfrac{6.9}{n}$

④ $\dfrac{6.9}{\sqrt{n}}$ 　　⑤ $\dfrac{6.9^2}{n}$

$\boxed{\text{ウ}}$ の選択肢

⓪ 563 　　① 732 　　② 830 　　③ 924

ある原野には，A，B 2 種の野ねずみが生息しているという．任意に 300 匹の野ねずみを捕らえたところ，A 種が 90 匹いた．A 種の野ねずみは，この原野全体で何 % 生息していると考えられるか．信頼度 95 % で推定するとおよそ $\boxed{\text{ア}}$ である．下の選択肢から最も適当なものを選んでマークせよ．ただし，$\sqrt{7} = 2.64$ として考えよ．

$\boxed{\text{ア}}$ の選択肢

⓪ 23 %〜37 % 　　① 25 %〜35 % 　　② 27 %〜33 % 　　③ 28 %〜32 %

　Q高校の校長先生は，ある日，新聞で高校生の読書に関する記事を読んだ．そこで，Q高校の生徒全員を対象に，直前の1週間の読書時間に関して，100人の生徒を無作為に抽出して調査を行った．その結果，100人の生徒のうち，この1週間に全く読書をしなかった生徒が36人であり，100人の生徒のこの1週間の読書時間（分）の平均値は204であった．Q高校の生徒全員のこの1週間の読書時間の母平均を m，母標準偏差を150とする．

(1)　全く読書をしなかった生徒の母比率を0.5とする．このとき，100人の無作為標本のうちで全く読書をしなかった生徒の数を表す確率変数を X とすると，X は $\boxed{ア}$ に従う．また，X の平均（期待値）は $\boxed{イウ}$，標準偏差は $\boxed{エ}$ である．

　$\boxed{ア}$ については，最も適当なものを，次の⓪〜⑤のうちから1つ選べ．

⓪　正規分布 $N(0, 1)$　　　①　二項分布 $B(0, 1)$

②　正規分布 $N(100, 0.5)$　　③　二項分布 $B(100, 0.5)$

④　正規分布 $N(100, 36)$　　⑤　二項分布 $B(100, 36)$

(2)　標本の大きさ100は十分に大きいので，100人のうち全く読書をしなかった生徒の数は近似的に正規分布に従う．

　全く読書をしなかった生徒の母比率を0.5とするとき，全く読書をしなかった生徒が36人以下となる確率を p_5 とおく．p_5 の近似値を求めると，$\boxed{オ}$ である．

　また，全く読書をしなかった生徒の母比率を0.4とするとき，全く読書をしなかった生徒が36人以下となる確率を p_4 とおくと，$\boxed{カ}$ である．

　$\boxed{オ}$ については，最も適当なものを，次の⓪〜⑤のうちから1つ選べ．

⓪　0.001　　①　0.003　　②　0.026

③　0.050　　④　0.133　　⑤　0.497

　$\boxed{カ}$ の解答群

⓪　$p_4 < p_5$　　①　$p_4 = p_5$　　②　$p_4 > p_5$

(3)　1週間の読書時間の母平均 m に対する信頼度95%の信頼区間を $C_1 \leqq m \leqq C_2$ とする．標本の大きさ100は十分大きいことと，1週間の読書時間の標本平均が204，母標準偏差が150であることを用いると，$C_1 + C_2 = \boxed{キクケ}$，$C_2 - C_1 = \boxed{コサ}.\boxed{シ}$ であることがわかる．

　また，母平均 m と C_1，C_2 については，$\boxed{ス}$．

⓪　$C_1 \leq m \leq C_2$ が必ず成り立つ

①　$m \leq C_2$ は必ず成り立つが，$C_1 \leq m$ が成り立つとは限らない

②　$C_1 \leq m$ は必ず成り立つが，$m \leq C_2$ が成り立つとは限らない

③　$C_1 \leq m$ も $m \leq C_2$ も成り立つとは限らない

(4)　Q高校の図書委員長も，校長先生と同じ新聞記事を読んだため，校長先生が調査をしていることを知らずに，図書委員会として校長先生と同様の調査を独自に行った．ただし，調査期間は校長先生による調査と同じ直前の1週間であり，対象をQ高校の生徒全員として100人の生徒を無作為に抽出した．その調査における，全く読書をしなかった生徒の数をnとする．

　　校長先生の調査結果によると全く読書をしなかった生徒は36人であり，□セ□．

□セ□ の解答群

⓪　n は必ず36に等しい　　　①　n は必ず36未満である

②　n は必ず36より大きい　　③　n と36との大小はわからない

(5)　(4)の図書委員会が行った調査結果による母平均 m に対する信頼度95％の信頼区間を $D_1 \leq m \leq D_2$，校長先生が行った調査結果による母平均 m に対する信頼度95％の信頼区間を(3)の $C_1 \leq m \leq C_2$ とする．ただし，母集団は同一であり，1週間の読書時間の母標準偏差は150とする．

　　このとき，次の⓪～⑤のうち，正しいものは□ソ□と□タ□である．

□ソ□，□タ□ の解答群（解答の順序は問わない．）

⓪　$C_1 = D_1$ と $C_2 = D_2$ が必ず成り立つ．

①　$C_1 < D_2$ または $D_1 < C_2$ のどちらか一方のみが必ず成り立つ．

②　$D_2 < C_1$ または $C_2 < D_1$ となる場合もある．

③　$C_2 - C_1 > D_2 - D_1$ が必ず成り立つ．

④　$C_2 - C_1 = D_2 - D_1$ が必ず成り立つ．

⑤　$C_2 - C_1 < D_2 - D_1$ が必ず成り立つ．

（'21 共通テスト）

花子さんは, マイクロプラスチックと呼ばれる小さなプラスチック片 (以下, MP) による海洋中や大気中の汚染が, 環境問題となっていることを知った.

花子さんたち 49 人は, 面積が 50 a (アール) の砂浜の表面にある MP の個数を調べるため, それぞれが無作為に選んだ 20 cm 四方の区画の表面から深さ 3 cm までをすくい, MP の個数を研究所で数えてもらうことにした. そして, この砂浜の 1 区画あたりの MP の個数を確率変数 X として考えることにした.

このとき, X の母平均を m, 母標準偏差を σ とし, 標本 49 区画の 1 区画あたりの MP の個数の平均値を表す確率変数を $\overline{X}$ とする.

花子さんたちが調べた 49 区画では, 平均値が 16, 標準偏差が 2 であった.

(1) 砂浜全体に含まれる MP の全個数 M を推定することにする.

花子さんは, 次の方針で M を推定することとした.

【方針】

砂浜全体には 20 cm 四方の区画が 125000 個分あり, $M = 125000 \times m$ なので, M を $W = 125000 \times \overline{X}$ で推定する.

確率変数 $\overline{X}$ は, 標本の大きさ 49 が十分に大きいので, 平均 $\boxed{\text{ア}}$, 標準偏差 $\boxed{\text{イ}}$ の正規分布に近似的に従う. そこで, 方針に基づいて考えると, 確率変数 W は平均 $\boxed{\text{ウ}}$, 標準偏差 $\boxed{\text{エ}}$ の正規分布に近似的に従うことがわかる.

このとき, X の母標準偏差 σ は標本の標準偏差と同じ $\sigma = 2$ と仮定すると, M に対する信頼度 95 % の信頼区間は

$$\boxed{\text{オカキ}} \times 10^4 \leqq M \leqq \boxed{\text{クケコ}} \times 10^4$$

となる.

$\boxed{\text{ア}}$ の解答群

⓪ m ① $4m$ ② $7m$ ③ $16m$ ④ $49m$

⑤ X ⑥ $4X$ ⑦ $7X$ ⑧ $16X$ ⑨ $49X$

$\boxed{\text{イ}}$ の解答群

⓪ σ ① 2σ ② 4σ ③ 7σ ④ 49σ

⑤ $\dfrac{\sigma}{2}$ ⑥ $\dfrac{\sigma}{4}$ ⑦ $\dfrac{\sigma}{7}$ ⑧ $\dfrac{\sigma}{49}$

$\boxed{\text{ウ}}$ の解答群

⓪ $\dfrac{16}{49}m$ ① $\dfrac{4}{7}m$ ② $49m$ ③ $\dfrac{125000}{49}m$ ④ $125000m$

⑤ $\dfrac{16}{49}\overline{X}$ ⑥ $\dfrac{4}{7}\overline{X}$ ⑦ $49\overline{X}$ ⑧ $\dfrac{125000}{49}\overline{X}$ ⑨ $125000\overline{X}$

$\boxed{エ}$ の解答群

⓪ $\dfrac{\sigma}{49}$　　　① $\dfrac{\sigma}{7}$　　　② 49σ　　　③ $\dfrac{125000}{49}\sigma$

④ $\dfrac{31250}{7}\sigma$　　⑤ $\dfrac{125000}{7}\sigma$　　⑥ 31250σ　　⑦ 62500σ

⑧ 125000σ　　⑨ 250000σ

(2)　研究所が昨年調査したときには，1区画あたりの MP の個数の母平均が 15，母標準偏差が 2 であった．今年の母平均 m が昨年とは異なるといえるかを，有意水準 5% で仮説検定をする．ただし，母標準偏差は今年も $\sigma=2$ とする．

　まず，帰無仮説は「今年の母平均は $\boxed{サ}$」であり，対立仮説は「今年の母平均は $\boxed{シ}$」である．

　次に，帰無仮説が正しいとすると，$\overline{X}$ は平均 $\boxed{ス}$，標準偏差 $\boxed{セ}$ の正規分布に近似的に従うため，確率変数 $Z=\dfrac{\overline{X}-\boxed{ス}}{\boxed{セ}}$ は標準正規分布に近似的に従う．

　花子さんたちの調査結果から求めた Z の値を z とすると，標準正規分布において確率 $P(Z\leqq-|z|)$ と確率 $P(Z\geqq|z|)$ の和は 0.05 よりも $\boxed{ソ}$ ので，有意水準 5% で今年の母平均 m は昨年と $\boxed{タ}$．

$\boxed{サ}$，$\boxed{シ}$ の解答群（同じものを繰り返し選んでもよい．）

⓪ $\overline{X}$ である　　① m である　　② 15 である　　③ 16 である

④ $\overline{X}$ ではない　⑤ m ではない　⑥ 15 ではない　⑦ 16 ではない

$\boxed{ス}$，$\boxed{セ}$ の解答群（同じものを繰り返し選んでもよい．）

⓪ $\dfrac{4}{49}$　　① $\dfrac{2}{7}$　　② $\dfrac{16}{49}$　　③ $\dfrac{4}{7}$　　④ 2

⑤ $\dfrac{15}{7}$　　⑥ 4　　⑦ 15　　⑧ 16

$\boxed{ソ}$ の解答群

⓪ 大きい　　① 小さい

$\boxed{タ}$ の解答群

⓪ 異なるといえる　　① 異なるとはいえない

（'22 共通テスト試作問題）

104 ✓Check Box ☐☐ 　解答は別冊 p.230 ▶

a を正の実数とする．三角形 ABC の内部の点 P が

$$5\overrightarrow{PA}+a\overrightarrow{PB}+\overrightarrow{PC}=\vec{0}$$

を満たしているとする．このとき

$$\overrightarrow{AP}=\frac{a}{a+\boxed{ア}}\overrightarrow{AB}+\frac{\boxed{イ}}{a+\boxed{ウ}}\overrightarrow{AC}$$

が成り立つ．

直線 AP と辺 BC との交点 D が辺 BC を 1：8 に内分するならば，$a=\boxed{エ}$ となり，$\overrightarrow{AP}=\dfrac{\boxed{オ}}{\boxed{カキ}}\overrightarrow{AD}$ となる．このとき，点 P は線分 AD を $\boxed{ク}:\boxed{ケ}$ に内分する．

さらに，$|\overrightarrow{AB}|=2\sqrt{2}$，$|\overrightarrow{BC}|=\sqrt{10}$，$|\overrightarrow{AC}|=\sqrt{6}$ ならば $\overrightarrow{AB}\cdot\overrightarrow{AC}=\boxed{コ}$ である．したがって，$|\overrightarrow{AP}|^2=\dfrac{\boxed{サシス}}{\boxed{セソ}}$ となる．

（'99 センター試験・改）

105 ✓Check Box ☐☐ 　解答は別冊 p.232 ▶

三角形 OAB は面積が $9\sqrt{7}$ で，OA＝6，OB＝8 であり，∠AOB は鈍角である．辺 AB 上に 2 点 L，M があり，線分 OL 上に点 N があって，

$$AL:LB=1:3,\ AM:MB=ON:NL=t:(1-t)$$

を満たしている．ただし，$0<t<1$ である．

(1) $\sin\angle AOB=\dfrac{\boxed{ア}\sqrt{\boxed{イ}}}{\boxed{ウ}}$ であり，$\overrightarrow{OA}\cdot\overrightarrow{OB}=\boxed{エオ}$ である．

(2) $\overrightarrow{ON}$，$\overrightarrow{NM}$ は $\overrightarrow{OA}$，$\overrightarrow{OB}$ を用いて

$$\overrightarrow{ON}=\frac{\boxed{カ}}{\boxed{キ}}t\overrightarrow{OA}+\frac{\boxed{ク}}{\boxed{ケ}}t\overrightarrow{OB},\quad \overrightarrow{NM}=\left(\boxed{コ}-\frac{\boxed{サ}}{\boxed{シ}}t\right)\overrightarrow{OA}+\frac{\boxed{ス}}{\boxed{セ}}t\overrightarrow{OB}$$

と表される．

(3) $\overrightarrow{NM}$ が $\overrightarrow{AB}$ と垂直になるのは，$t=\dfrac{\boxed{ソ}}{\boxed{タ}}$ のときである．このとき，三角形 NAB の面積は $\boxed{チ}\sqrt{\boxed{ツ}}$ である．

OA=2, OB=1 である三角形 OAB において, ∠AOB の 2 等分線と辺 AB の交点を C とする. また, 線分 AB を 5 : 2 に外分する点を D, 線分 OB を 2 : 1 に外分する点を E とする. さらに直線 OC と直線 DE の交点を F とする.

(1) $\overrightarrow{\mathrm{OA}}=\vec{a}$, $\overrightarrow{\mathrm{OB}}=\vec{b}$ とするとき,

$$\overrightarrow{\mathrm{OC}}=\frac{\boxed{ア}}{\boxed{イ}}\vec{a}+\frac{\boxed{ウ}}{\boxed{イ}}\vec{b}, \quad \overrightarrow{\mathrm{DE}}=\frac{\boxed{エ}}{\boxed{イ}}\vec{a}+\frac{\boxed{オ}}{\boxed{イ}}\vec{b}$$

である. 点 F は直線 DE 上にあるので

$$\overrightarrow{\mathrm{OF}}=\overrightarrow{\mathrm{OD}}+t\overrightarrow{\mathrm{DE}}$$
$$=\frac{\boxed{カ}(t-\boxed{キ})}{\boxed{ク}}\vec{a}+\frac{\boxed{ケ}+t}{\boxed{コ}}\vec{b}$$

と表せることから, $t=\boxed{サ}$ となり,

$$\overrightarrow{\mathrm{OF}}=\frac{\boxed{シ}}{\boxed{ス}}\vec{a}+\frac{\boxed{セ}}{\boxed{ソ}}\vec{b}$$

である.

(2) O, A を定点, B を動点とすると, 点 B は中心 O, 半径 $\boxed{タ}$ の円周上を動く.

このとき, 点 F はある点 G を中心とする半径 $\dfrac{\boxed{チ}}{\boxed{ツ}}$ の円周上にある. また,

$$\overrightarrow{\mathrm{OG}}=\frac{\boxed{テ}}{\boxed{ト}}\overrightarrow{\mathrm{OA}}$$ である.

　平行四辺形 ABCD において，辺 AB を $a:1$ に内分する点を P，辺 BC を $b:1$ に内分する点を Q とする．辺 CD 上の点 R および辺 DA 上の点 S をそれぞれ PR∥BC，SQ∥AB となるようにとり，$\vec{x}=\overrightarrow{BP}$，$\vec{y}=\overrightarrow{BQ}$ とおく．

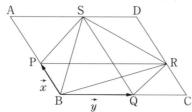

(1)　五角形 PBQRS の辺 RQ, SP および対角線 SB, RB が表すベクトルは $\vec{x}$, $\vec{y}$ を用いて

$$\overrightarrow{RQ}=-\vec{x}-\frac{\boxed{ア}}{b}\vec{y},\quad \overrightarrow{SP}=\boxed{イ}a\vec{x}-\vec{y}$$

$$\overrightarrow{SB}=-(a+\boxed{ウ})\vec{x}-\vec{y}$$

$$\overrightarrow{RB}=-\vec{x}-\left(\boxed{エ}+\frac{\boxed{オ}}{b}\right)\vec{y}$$

となる．

(2)　$\overrightarrow{SP}\cdot\vec{x}=\vec{x}\cdot\vec{y}=\vec{y}\cdot\overrightarrow{RQ}$ が成り立つとする．このとき

$$\vec{x}\cdot\vec{y}=-\frac{a}{\boxed{カ}}|\vec{x}|^2=-\frac{1}{\boxed{キ}\,b}|\vec{y}|^2$$

である．

(3)　RQ∥SB および SP∥RB が成り立つとする．このとき

$$a=\frac{\boxed{クケ}+\sqrt{\boxed{コ}}}{\boxed{サ}},\quad b=\frac{\boxed{シ}+\sqrt{\boxed{ス}}}{\boxed{セ}}$$

である．

(4)　(2)と(3)の条件が同時に成り立つとき，$\dfrac{|\vec{y}|}{|\vec{x}|}=\boxed{ソ}$ であるから

$$\cos\angle PBQ=\frac{\boxed{タ}-\sqrt{\boxed{チ}}}{\boxed{ツ}}$$

を得る．

（'02 センター試験・改）

太郎さんと花子さんは，四面体 OABC に関する問題について話している．2人の会話を読んで次の問いに答えよ．

(1)
> **問題A** 四面体 OABC の重心を G，直線 AG と平面 OBC の交点をPとするとき，$\overrightarrow{OP}$ を $\overrightarrow{OA}$，$\overrightarrow{OB}$，$\overrightarrow{OC}$ で表せ．

> 花子：点Pは三角形 OBC の $\boxed{\text{ア}}$ と予想できるね．
> 太郎：証明するには，$\overrightarrow{OP}$ を2通りに表せばいいね．

(i) $\boxed{\text{ア}}$ に当てはまるものを次の⓪〜③から選んでマークせよ．

⓪ 内心　　① 外心　　② 重心　　③ 垂心

(ii) $\overrightarrow{OG} = \dfrac{\overrightarrow{OA} + \overrightarrow{OB} + \overrightarrow{OC}}{4}$ と表される．

点Pが直線 AG 上にある条件から，実数 t を用いて

$$\overrightarrow{OP} = \overrightarrow{OA} + t\overrightarrow{AG}$$

$$= \frac{\boxed{\text{イ}} - \boxed{\text{ウ}}\,t}{\boxed{\text{エ}}}\overrightarrow{OA} + \frac{t}{\boxed{\text{エ}}}\overrightarrow{OB} + \frac{t}{\boxed{\text{エ}}}\overrightarrow{OC} \quad \cdots\cdots①$$

と表せる．これより，$t = \dfrac{\boxed{\text{オ}}}{\boxed{\text{カ}}}$ であり，

$$\overrightarrow{OP} = \frac{\overrightarrow{OB} + \overrightarrow{OC}}{\boxed{\text{キ}}}$$

となる．

(2)
> **問題B** 四面体 OABC の重心を G，辺 OA を 3:1 に内分する点をDとする．直線 AG と平面 BCD の交点をQとするとき，$\overrightarrow{OQ}$ を $\overrightarrow{OA}$，$\overrightarrow{OB}$，$\overrightarrow{OC}$ で表せ．

この問題について，太郎さんは 方針1 ，花子さんは 方針2 の方法を考えた.

> 方針1 　点Qが直線 AG 上にあることから①と表せる．一方，点Qは平面 DBC 上にあることから，
> $$\overrightarrow{OQ}=\overrightarrow{OD}+x\overrightarrow{DB}+y\overrightarrow{DC} \quad\cdots\cdots②$$
> とも表せるので，①，②を $\overrightarrow{OA}$, $\overrightarrow{OB}$, $\overrightarrow{OC}$ で表し，それらの係数を比較する.

> 方針2 　点Qが直線 AG 上にあることから①と表せるので，
> $$\overrightarrow{OQ}=\frac{\boxed{イ}-\boxed{ウ}t}{\boxed{ク}}\overrightarrow{OD}+\frac{t}{\boxed{エ}}\overrightarrow{OB}+\frac{t}{\boxed{エ}}\overrightarrow{OC}$$
> 一方，点Qは平面 DBC 上にあることから，
> $$\frac{\boxed{イ}-\boxed{ウ}t}{\boxed{ク}}+\frac{t}{\boxed{エ}}+\frac{t}{\boxed{エ}}=\boxed{ケ}$$
> が成り立つことを利用する.

方針1 または 方針2 を用いると，

$$\overrightarrow{OQ}=\frac{\boxed{コ}}{\boxed{サ}}\overrightarrow{OA}+\frac{\boxed{シ}}{\boxed{ス}}\overrightarrow{OB}+\frac{\boxed{シ}}{\boxed{ス}}\overrightarrow{OC}$$

となる.

(3)

> 花子：交点の求め方がだんだんわかってきたね．次は平面 DBC に点Oから下ろした垂線の足をHとすると $\overrightarrow{OH}$ はどうなるかな？
> 太郎：これは $\overrightarrow{OH}$ の方向がわからないから，2通りに表せないね.

四面体 OABC を OA=4，OB=OC=2，∠AOB=∠AOC=90°，∠BOC=60° とするとき，

$$\overrightarrow{OH}=\frac{\boxed{セ}}{\boxed{ソタ}}\overrightarrow{OA}+\frac{\boxed{チ}}{\boxed{ツ}}\overrightarrow{OB}+\frac{\boxed{チ}}{\boxed{ツ}}\overrightarrow{OC}$$

である．また，$\overrightarrow{OD}\cdot\overrightarrow{OH}=|\overrightarrow{OH}|^2$ を利用すると $|\overrightarrow{OH}|=\dfrac{\boxed{テ}}{\boxed{ト}}$ である.

空間に 4 点 O(0, 0, 0), A(2, 0, 0), B(0, 4, 0), C(0, 0, c) がある. ただし, $c>0$ とする.

線分 AC の中点を P, 線分 OB の中点を B′ とする. 直線 PB′ 上の点を T とすると, ベクトル $\overrightarrow{\text{OT}}$ は媒介変数 t を用いて

$$\overrightarrow{\text{OT}}=(0,\ \boxed{\ \text{ア}\ },\ 0)+t\left(1,\ \boxed{\ \text{イウ}\ },\ \dfrac{c}{\boxed{\ \text{エ}\ }}\right)$$

と表せる.

また, 線分 BC の中点を Q, 線分 OA の中点を A′ とする. 直線 QA′ 上の点を S とすると, ベクトル $\overrightarrow{\text{OS}}$ は媒介変数 s を用いて

$$\overrightarrow{\text{OS}}=(\boxed{\ \text{オ}\ },\ 0,\ 0)+s\left(\boxed{\ \text{カキ}\ },\ 2,\ \dfrac{c}{\boxed{\ \text{ク}\ }}\right)$$

と表せる.

2 直線 PB′ と QA′ は点 $\left(\dfrac{\boxed{\ \text{ケ}\ }}{\boxed{\ \text{コ}\ }},\ \boxed{\ \text{サ}\ },\ \dfrac{c}{\boxed{\ \text{シ}\ }}\right)$ で交わる.

2 直線 PB′ と QA′ が直交するのは $c=\boxed{\ \text{ス}\ }\sqrt{\boxed{\ \text{セ}\ }}$ のときである. このとき, △ABC の面積は $\boxed{\ \text{ソ}\ }\sqrt{\boxed{\ \text{タチ}\ }}$ となる.

('95 センター試験試行問題・改)

四面体 OABC において，$|\overrightarrow{OA}|=3$，$|\overrightarrow{OB}|=|\overrightarrow{OC}|=2$，
$\angle AOB=\angle BOC=\angle COA=60°$ であるとする．また，辺 OA 上に点Pをとり，
辺 BC 上に点Qをとる．以下，$\overrightarrow{OA}=\vec{a}$，$\overrightarrow{OB}=\vec{b}$，$\overrightarrow{OC}=\vec{c}$ とおく．

⑴　$0\leqq s\leqq1$，$0\leqq t\leqq1$ であるような実数 s，t を用いて $\overrightarrow{OP}=s\vec{a}$，
$\overrightarrow{OQ}=(1-t)\vec{b}+t\vec{c}$ と表す．$\vec{a}\cdot\vec{b}=\vec{a}\cdot\vec{c}=\boxed{\text{ア}}$，$\vec{b}\cdot\vec{c}=\boxed{\text{イ}}$ であることから

$$|\overrightarrow{PQ}|^2=(\boxed{\text{ウ}}\,s-\boxed{\text{エ}})^2+(\boxed{\text{オ}}\,t-\boxed{\text{カ}})^2+\boxed{\text{キ}}$$

となる．したがって，$|\overrightarrow{PQ}|$ が最小となるのは $s=\dfrac{\boxed{\text{ク}}}{\boxed{\text{ケ}}}$，$t=\dfrac{\boxed{\text{コ}}}{\boxed{\text{サ}}}$ のときであ

り，このとき $|\overrightarrow{PQ}|=\sqrt{\boxed{\text{シ}}}$ となる．

⑵　三角形 ABC の重心をGとする．$|\overrightarrow{PQ}|=\sqrt{\boxed{\text{シ}}}$ のとき，三角形 GPQ の面積
を求めよう．

$\overrightarrow{OA}\cdot\overrightarrow{PQ}=\boxed{\text{ス}}$ から，$\angle APQ=\boxed{\text{セソ}}°$ である．したがって，三角形 APQ
の面積は $\sqrt{\boxed{\text{タ}}}$ である．また

$$\overrightarrow{OG}=\dfrac{\boxed{\text{チ}}}{\boxed{\text{ツ}}}\overrightarrow{OA}+\dfrac{\boxed{\text{テ}}}{\boxed{\text{ト}}}\overrightarrow{OQ}$$

であり，点Gは線分 AQ を $\boxed{\text{ナ}}$：1 に内分する点である．

以上のことから，三角形 GPQ の面積は $\dfrac{\sqrt{\boxed{\text{ニ}}}}{\boxed{\text{ヌ}}}$ である．

('16 センター試験)

(1) 右の図のような立体を考える. ただし, 6つの面
OAC, OBC, OAD, OBD, ABC, ABD は1辺の長
さが1の正三角形である. この立体の ∠COD の大き
さを調べたい.

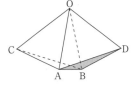

線分 AB の中点を M, 線分 CD の中点をNとおく.
$\overrightarrow{OA}=\vec{a}$, $\overrightarrow{OB}=\vec{b}$, $\overrightarrow{OC}=\vec{c}$, $\overrightarrow{OD}=\vec{d}$ とおくとき, 次の問いに答えよ.

(i) 次の ア ～ エ に当てはまる数を求めよ.

$$\overrightarrow{OM}=\frac{ア}{イ}(\vec{a}+\vec{b}), \quad \overrightarrow{ON}=\frac{ア}{イ}(\vec{c}+\vec{d})$$

$$\vec{a}\cdot\vec{b}=\vec{a}\cdot\vec{c}=\vec{a}\cdot\vec{d}=\vec{b}\cdot\vec{c}=\vec{b}\cdot\vec{d}=\frac{ウ}{エ}$$

(ii) 3点 O, N, M は同一直線上にある. 内積 $\overrightarrow{OA}\cdot\overrightarrow{CN}$ の値を用いて,
$\overrightarrow{ON}=k\overrightarrow{OM}$ を満たす k の値を求めよ.

$$k=\frac{オ}{カ}$$

(iii) ∠COD$=\theta$ とおき, $\cos\theta$ の値を求めたい. 次の【方針1】または【方針2】
について, キ ～ シ に当てはまる数を求めよ.

┌【方針1】──────────────────────────────
$\vec{d}$ を $\vec{a}$, $\vec{b}$, $\vec{c}$ を用いて表すと,

$$\vec{d}=\frac{キ}{ク}\vec{a}+\frac{ケ}{コ}\vec{b}-\vec{c}$$

であり, $\vec{c}\cdot\vec{d}=\cos\theta$ から $\cos\theta$ を求める.
└──────────────────────────────────────

┌【方針2】──────────────────────────────
$\overrightarrow{OM}$ と $\overrightarrow{ON}$ のなす角を考えると, $\overrightarrow{OM}\cdot\overrightarrow{ON}=|\overrightarrow{OM}||\overrightarrow{ON}|$ が成り立つ.
$|\overrightarrow{ON}|^2=\dfrac{サ}{シ}+\dfrac{1}{2}\cos\theta$ であるから, $\overrightarrow{OM}\cdot\overrightarrow{ON}$, $|\overrightarrow{OM}|$ を用いると, $\cos\theta$
が求められる.
└──────────────────────────────────────

(iv) 【方針1】または【方針2】を用いて $\cos\theta$ の値を求めよ.

$$\cos\theta=\frac{スセ}{ソ}$$

(2) (1)の図形から，4つの面 OAC, OBC, OAD, OBD だけを使って，下のような図形を作成したところ，この図形は ∠AOB を変化させると，それにともなって ∠COD も変化することがわかった．

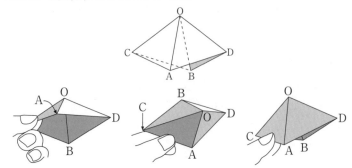

∠AOB＝α, ∠COD＝β とおき，α>0, β>0 とする．このときも，線分 AB の中点と線分 CD の中点および点Oは一直線上にある．

(i) α と β が満たす関係式は(1)の【方針2】を用いると求めることができる．その関係式として正しいものを，次の⓪〜④のうちから1つ選べ． タ

⓪　$\cos\alpha+\cos\beta=1$

① $(1+\cos\alpha)(1+\cos\beta)=1$

② $(1+\cos\alpha)(1+\cos\beta)=-1$

③ $(1+2\cos\alpha)(1+2\cos\beta)=\dfrac{2}{3}$

④ $(1-\cos\alpha)(1-\cos\beta)=\dfrac{2}{3}$

(ii) α＝β のとき，α＝ チツ °であり，このとき，点Dは テ にある． チツ に当てはまる数を求めよ．また， テ に当てはまるものを，次の⓪〜②のうちから1つ選べ．

⓪　平面 ABC に関してOと同じ側

①　平面 ABC 上

②　平面 ABC に関してOと異なる側

（'18 共通テスト試行調査）

112

✓ Check Box ☐☐　　解答は別冊 p.250

1辺の長さが $\dfrac{8\sqrt{3}}{3}$ の正三角形OABを，辺ABの中点Mに対して，OMを軸として回転してできる直円錐を S とする．次に，OM上にNを ON=1 となるようにとり，点Nを中心とし，円錐に内接する半径 $\dfrac{1}{2}$ の球を S_1，Mを中心とし，円錐に内接する半径2の半球を S_2 とする．このとき，円錐 S を2つの球 S_1，S_2 に接するような平面 π で切ったときの切り口 C について考える．

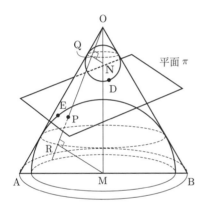
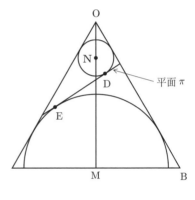

平面 π と球 S_1，半球 S_2 との接点をそれぞれ D，E，さらに，切り口 C 上の点をPとし，OPと S_1，S_2 との接点をそれぞれ Q，R とする．このとき，

PD=□ア□，PE=□イ□ から

$$\text{PD}+\text{PE}=\boxed{\text{ア}}+\boxed{\text{イ}}=\boxed{\text{ウ}}=\dfrac{\boxed{\text{エ}}\sqrt{\boxed{\text{オ}}}}{\boxed{\text{カ}}}$$

よって，切り口 C は □キ□ となり，$\text{DE}=\dfrac{\sqrt{\boxed{\text{クケ}}}}{\boxed{\text{コ}}}$ である．

□ア□，□イ□，□ウ□ の解答群

⓪ DE　　① PQ　　② PR　　③ PM
④ QM　　⑤ DM　　⑥ EM　　⑦ QR

□キ□ の解答群

⓪ 放物線　　① 楕円　　② 円　　③ 双曲線

113

✓ Check Box ☐☐　　解答は別冊 p.252

太郎さんと花子さんたちは学校の課外学習でキャンプの昼食を終え，コーヒーを入れるためのお湯を沸かすことにした．

> 太郎：今日は，お湯を沸かすための面白い道具を用意したよ．
>
> 花子：なにこれ？
>
> 太郎：これは放物線の性質を利用して，太陽光を集める道具で簡易太陽焦熱炉と呼ばれるものだよ．

(1)　この道具は放物線を回転した面（回転放物面）からできており，放物線の準線と垂直な方向から来た太陽光が同時に焦点に集まる性質を利用している．焦点を確認してみたところ，放物線の頂点から $10\,\mathrm{cm}$ の位置にあった．このとき，この放物面は曲線 $\boxed{\ \text{ア}\ }$ を y 軸の周りに回転した放物面と合同である．ただし，x，y の単位は cm とする．

$\boxed{\ \text{ア}\ }$ の解答群

⓪　$y = 10x^2$　　①　$y = \dfrac{1}{10}x^2$　　②　$y = 40x^2$　　③　$y = \dfrac{1}{40}x^2$

(2)　課外キャンプが無事に終わり帰宅すると，太郎さんの父親が腹痛のため救急車で運ばれたという．急いで病院に向かうと，「ドーン」というものすごい音が聞こえてきた．

> 太郎：あれは何の音ですか？
>
> 看護師：あれは尿管結石の粉砕装置の音よ．お父さん，結石ができていたみたい．

尿管結石を粉砕する装置は，右のような装置で，楕円の焦点から出た衝撃波がすべて回転楕円体の内部で反射し，もう一つの焦点に集まる性質を利用して，結石を粉砕する装置である．この事実を証明しよう．

楕円 $\dfrac{x^2}{a^2} + \dfrac{y^2}{b^2} = 1 \ (a > b > 0)$ の焦点を

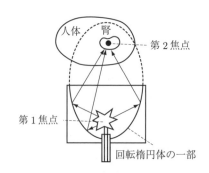

$F(c, 0)$, $F'(-c, 0)$ $(c>0)$ とすると，$c=\boxed{イ}$ である．

次に，F，F′ から楕円上の点 $P(x_1, y_1)$ での接線 ℓ に下ろした垂線を FH，F′H′ とする．このとき，$\triangle PFH$ と $\triangle PF'H'$ が相似であることが示せれば，$\angle FPH = \angle F'PH'$ となり題意が証明できる．

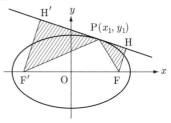

そこで，$\angle PHF = \angle PH'F' = 90°$ から，

$\dfrac{FH}{F'H'} = \dfrac{PF}{PF'}$ を示すことにする．

$\quad PF = r$，$PF' = r'$ とおくと，$r + r' = \boxed{ウ}\, a$ ……①

$\quad r^2 = (x_1 - c)^2 + y_1^2$ ……②，$\quad r'^2 = (x_1 + c)^2 + y_1^2$ ……③

②−③ と①から

$\quad r - r' = \boxed{エ}$ ……④

①，④より，$r = \boxed{オ}$，$r' = \boxed{カ}$

これより，$\dfrac{PF}{PF'} = \boxed{キ}$

また，楕円の $P(x_1, y_1)$ での接線 ℓ は $\boxed{ク}$ であるので，F，F′ と接線 ℓ の距離を考えて

$\quad FH = \boxed{ケ}$，$F'H' = \boxed{コ}$

よって，$\dfrac{FH}{F'H'} = \dfrac{PF}{PF'}$ となり，題意は成り立つことがわかる．

$\boxed{イ}$，$\boxed{エ}$，$\boxed{オ}$，$\boxed{カ}$，$\boxed{キ}$ の解答群

⓪ $\sqrt{a^2 + b^2}$ ① $\sqrt{a^2 - b^2}$ ② $-\dfrac{2c}{a}x_1$

③ $-\dfrac{2c}{b}x_1$ ④ $a - \dfrac{c}{a}x_1$ ⑤ $a + \dfrac{c}{a}x_1$

⑥ $\dfrac{a^2 - cx_1}{a^2 + cx_1}$ ⑦ $\dfrac{a^2 + cx_1}{a^2 - cx_1}$

$\boxed{ク}$，$\boxed{ケ}$，$\boxed{コ}$ の解答群

⓪ $\dfrac{x_1 x}{a^2} + \dfrac{y_1 y}{b^2} = 1$ ① $\dfrac{x_1 x}{a^2} - \dfrac{y_1 y}{b^2} = 1$

② $\dfrac{|b^2 x_1 c - a^2 b^2|}{\sqrt{b^4 x_1^2 + a^4 y_1^2}}$ ③ $\dfrac{|b^2 x_1 c + a^2 b^2|}{\sqrt{b^4 x_1^2 + a^4 y_1^2}}$

a, b, c, d, e, f を実数とし，x, y の方程式

$$ax^2 + by^2 + cxy + dx + ey + f = 0 \quad \cdots\cdots(*)$$

について考える．

(1) a, c, d, e, f の値を $a=2$，$c=0$，$d=-8$，$e=-4$，$f=0$ とし，b の値だけを $b \geqq 0$ の範囲で変化させたとき，座標平面上には $\boxed{\text{ア}}$.

$\boxed{\text{ア}}$ の解答群

⓪ つねに楕円のみが現れ，円は現れない

① 楕円，円が現れ，他の図形は現れない

② 楕円，円，放物線が現れ，他の図形は現れない

③ 楕円，円，双曲線が現れ，他の図形は現れない

④ 楕円，円，双曲線，放物線が現れ，他の図形は現れない

⑤ 楕円，円，双曲線，放物線が現れ，また他の図形が現れることもある

(2) a, b, c, d, e, f の値を $a=1$，$b=-2$，$c=-4$，$d=e=0$，$f=6$ としたとき，$(*)$ の表す方程式を①とする．①はどのような図形になるか考えよう．

①上の点 (x, y) を原点の周りに $\theta\left(0<\theta<\dfrac{\pi}{2}\right)$ 回転した曲線上の点を (X, Y) とおくと，$X+Yi=(\cos\theta+i\sin\theta)(x+yi)$

となるので，これを整理し，実部と虚部を比較すると

$$x = X\cos\theta + Y\sin\theta, \quad y = Y\cos\theta - X\sin\theta \quad \cdots\cdots ②$$

これを①に代入すると，XY の係数は

$$\boxed{\text{イ}}\sin\theta\cos\theta - \boxed{\text{ウ}}(\cos^2\theta - \sin^2\theta) = \boxed{\text{エ}}\sin 2\theta - \boxed{\text{オ}}\cos 2\theta$$

よって，XY の係数が 0 になる条件は $\tan 2\theta = \dfrac{\boxed{\text{カ}}}{\boxed{\text{キ}}}$ であるので，$0<\theta<\dfrac{\pi}{2}$ とすると，

$$\tan\theta = \dfrac{\boxed{\text{ク}}}{\boxed{\text{ケ}}}, \quad \cos\theta = \dfrac{\boxed{\text{コ}}}{\sqrt{\boxed{\text{サ}}}}, \quad \sin\theta = \dfrac{\boxed{\text{シ}}}{\sqrt{\boxed{\text{ス}}}}$$

となる．このとき，②を①に代入すると $\dfrac{X^2}{\boxed{\text{セ}}} - \dfrac{Y^2}{\boxed{\text{ソ}}} = -1$ となり，①は双曲線であることがわかる．

('22 共通テスト試作問題・改)

座標平面において，方程式

$$(x^2+y^2)^2=2xy$$

の表す曲線Cを考える.

(1) 原点を極とする極座標(r, θ)の点の直交座標を(x, y)とおくと，

$$x=\boxed{ア}, \quad y=\boxed{イ}$$

これをCに代入して整理すると，Cの極方程式は

$$r^2=\boxed{ウ} \quad \cdots\cdots①$$

となる.

$\boxed{ア}$，$\boxed{イ}$，$\boxed{ウ}$ の解答群

⓪ $r\cos\theta$ ① $r\sin\theta$ ② $r\tan\theta$ ③ $r\theta$

④ $\sin2\theta$ ⑤ $\cos2\theta$ ⑥ $2\sin\theta$ ⑦ $2\cos\theta$

(2) Cの概形として最も相応しいものは$\boxed{エ}$である.

$\boxed{エ}$ の解答群

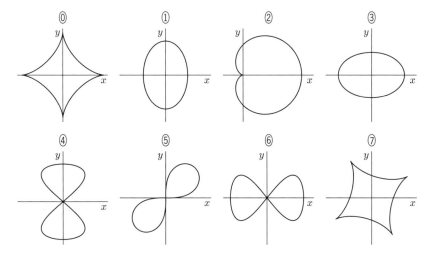

(3) ①は，$\boxed{ウ}\geqq0$ となるθに対して，$r=\pm\sqrt{\boxed{ウ}}$ と変形できる．このとき，$r=\sqrt{\boxed{ウ}}$ $\cdots\cdots②$ と $r=-\sqrt{\boxed{ウ}}$ $\cdots\cdots③$ は同じ曲線を表しており，③は②のθを$\boxed{オ}$だけ進めた曲線になっている.

$\boxed{オ}$ の解答群

⓪ $\dfrac{\pi}{2}$ ① π ② $\dfrac{3}{2}\pi$ ③ 2π

（'18 上智大・改）

点Oを原点とする複素数平面上に，3つの複素数 i (虚数単位), β, γ を表す点 A, B, C が

$$\angle\text{COB}=120°, \quad \angle\text{BAC}=60°$$

$$\text{OB}=2\text{OC}, \quad \text{AB}=\text{AC}$$

を満たし，図のように与えられているとする.

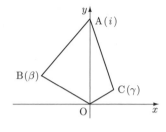

(1) $\angle\text{COB}=120°$, $\text{OB}=2\text{OC}$ より

$$\beta=(-\boxed{\text{ア}}+\sqrt{\boxed{\text{イ}}}\,i)\gamma$$

である.

また $\angle\text{BAC}=60°$, $\text{AB}=\text{AC}$ より

$$\gamma-i=\left(\frac{\boxed{\text{ウ}}+\sqrt{\boxed{\text{エ}}}\,i}{\boxed{\text{オ}}}\right)(\beta-i)$$

である．したがって，

$$\beta=\frac{-\sqrt{\boxed{\text{カ}}}+i}{\boxed{\text{キ}}}, \quad \gamma=\frac{\sqrt{\boxed{\text{ク}}}+i}{\boxed{\text{ケ}}}$$

である.

(2) 線分 BC の長さ $|\gamma-\beta|$ は

$$\frac{\sqrt{\boxed{\text{コ}}}}{\boxed{\text{サ}}}$$

であり，$\arg(\gamma-\beta)=\theta$ とすると

$$\cos\theta=\frac{\boxed{\text{シ}}\sqrt{\boxed{\text{スセ}}}}{14}, \quad \sin\theta=\frac{\boxed{\text{ソ}}\sqrt{\boxed{\text{タ}}}}{14}$$

である.

(’01 センター試験追試)

太郎さんと花子さんは，複素数 w を１つ決めて，w, w^2, w^3, … によって複素数平面上に表されるそれぞれの点 A_1, A_2, A_3, … を表示させたときの様子をコンピューターソフトを用いて観察している．ただし，点 w は実軸より上にあるとする．つまり，w の偏角を $\arg w$ とするとき，$w \neq 0$ かつ $0 < \arg w < \pi$ を満たすとする．

図1，図2，図3は，w の値を変えて点 A_1, A_2, A_3, …, A_{20} を表示させたものである．ただし，観察しやすくするために，図1，図2，図3の間では，表示範囲を変えている．

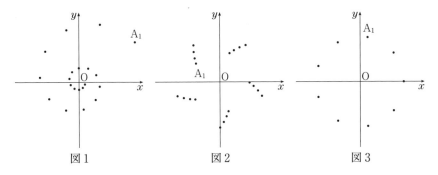

図1　　　　　　　図2　　　　　　　図3

太郎：w の値によって，A_1 から A_{20} までの点の様子もずいぶんといろいろなパターンがあるね．あれ，図3は点が20個ないよ．

花子：ためしに A_{30} まで表示させても図3は変化しないね．同じところを何度も通っていくんだと思う．

太郎：図3に対して，A_1, A_2, A_3, … と線分で結んで点をたどってみると図4のようになったよ．なるほど，A_1 に戻ってきているね．

図4をもとに，太郎さんは，A_1, A_2, A_3, … と点をとっていって再び A_1 に戻る場合に，点を順に線分で結んでできる図形について一般に考えることにした．すなわち，A_1 と A_n が重なるような n があるとき，線分 A_1A_2, A_2A_3, …, $A_{n-1}A_n$ をかいてできる図形について考える．このとき，$w = w^n$ に着目すると $|w| = \boxed{\text{ア}}$ であることがわかる．また，次のことが成り立つ．

・$1 \leq k \leq n-1$ に対して $A_kA_{k+1} = \boxed{\text{イ}}$ であり，つねに一定である．

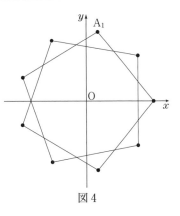

図4

113

・$2 \leqq k \leqq n-1$ に対して $\angle A_{k+1}A_kA_{k-1}=\boxed{\text{ウ}}$ であり，つねに一定である．

ただし，$\angle A_{k+1}A_kA_{k-1}$ は，線分 A_kA_{k+1} を線分 A_kA_{k-1} に重なるまで回転させた角とする．

花子さんは，$n=25$ のとき，すなわち，A_1 と A_{25} が重なるとき，A_1 から A_{25} までを順に線分で結んでできる図形が，正多角形になる場合を考えた．このような w の値は全部で $\boxed{\text{エ}}$ 個である．また，このような正多角形についてどの場合であっても，それぞれの正多角形に内接する円上の点を z とすると，z はつねに $\boxed{\text{オ}}$ を満たす．

$\boxed{\text{イ}}$ の解答群

⓪ $\quad |w+1|$ ① $\quad |w-1|$ ② $\quad |w|+1$ ③ $\quad |w|-1$

$\boxed{\text{ウ}}$ の解答群

⓪ $\quad \arg w$ ① $\quad \arg(-w)$ ② $\quad \arg \dfrac{1}{w}$ ③ $\quad \arg\left(-\dfrac{1}{w}\right)$

$\boxed{\text{オ}}$ の解答群

⓪ $\quad |z|=1$ ① $\quad |z-w|=1$ ② $\quad |z|=|w+1|$

③ $\quad |z|=|w-1|$ ④ $\quad |z-w|=|w+1|$ ⑤ $\quad |z-w|=|w-1|$

⑥ $\quad |z|=\dfrac{|w+1|}{2}$ ⑦ $\quad |z|=\dfrac{|w-1|}{2}$

（'22 共通テスト試作問題）

複素数平面上の原点を除く 2 点 P(z)，Q(w) の間に $w=\dfrac{1}{z}$ という関係がある.

(1) P(z) が単位円 $|z|=1$ 上を動くとき，Q(w) は円 ⏢ア 上を動くことがわか
るが，$\arg w=$ ⏢イ に注意すると，P が点 1 をスタートし，反時計回りに単位
円上を 1 周すると，Q は円 ⏢ア 上を ⏢ウ.

⏢ア ，⏢イ の解答群

⓪ $|w|=1$ ① $|w-1|=1$ ② $|w|=2$ ③ $|w-1|=2$

④ $\arg z$ ⑤ $-\arg z$ ⑥ $\arg z+\pi$ ⑦ $-\arg z+\pi$

⏢ウ の解答群

⓪ 時計回りに 1 周する   ① 反時計回りに 1 周する

② 時計回りに 2 周する   ③ 反時計回りに 2 周する

(2) A(1)，B(i)，C($1+i$) とすると，直線 AB は OC の垂直二等分線である. こ
れより，線分 AB 上の点を z とすると，⏢エ かつ ⏢オ と表すことができる.
(ただし，⏢エ と ⏢オ の順は問わない.)

よって，P(z) が線分 AB 上を動くとき，Q(w) は，中心 $\dfrac{\boxed{カ}}{\boxed{キ}}-\dfrac{\boxed{ク}}{\boxed{ケ}}i$, 半径

$\dfrac{\sqrt{\boxed{コ}}}{\boxed{サ}}$ の円のうち ⏢シ を動くことがわかる.

⏢エ ，⏢オ の解答群

⓪ $|z-1|=|z-i|$ ① $|z-i|=|z|$ ② $|z-(1+i)|=|z|$

③ $|z-i|=|z-(1+i)|$ ④ $|z|\leqq 1$ ⑤ $|z|\geqq 1$

⏢シ の解答群

⓪ 単位円の周および内部の部分   ① 単位円の周および外部の部分

三角比の表

角	正弦 (sin)	余弦 (cos)	正接 (tan)	角	正弦 (sin)	余弦 (cos)	正接 (tan)
0°	0.0000	1.0000	0.0000	45°	0.7071	0.7071	1.0000
1°	0.0175	0.9998	0.0175	46°	0.7193	0.6947	1.0355
2°	0.0349	0.9994	0.0349	47°	0.7314	0.6820	1.0724
3°	0.0523	0.9986	0.0524	48°	0.7431	0.6691	1.1106
4°	0.0698	0.9976	0.0699	49°	0.7547	0.6561	1.1504
5°	0.0872	0.9962	0.0875	50°	0.7660	0.6428	1.1918
6°	0.1045	0.9945	0.1051	51°	0.7771	0.6293	1.2349
7°	0.1219	0.9925	0.1228	52°	0.7880	0.6157	1.2799
8°	0.1392	0.9903	0.1405	53°	0.7986	0.6018	1.3270
9°	0.1564	0.9877	0.1584	54°	0.8090	0.5878	1.3764
10°	0.1736	0.9848	0.1763	55°	0.8192	0.5736	1.4281
11°	0.1908	0.9816	0.1944	56°	0.8290	0.5592	1.4826
12°	0.2079	0.9781	0.2126	57°	0.8387	0.5446	1.5399
13°	0.2250	0.9744	0.2309	58°	0.8480	0.5299	1.6003
14°	0.2419	0.9703	0.2493	59°	0.8572	0.5150	1.6643
15°	0.2588	0.9659	0.2679	60°	0.8660	0.5000	1.7321
16°	0.2756	0.9613	0.2867	61°	0.8746	0.4848	1.8040
17°	0.2924	0.9563	0.3057	62°	0.8829	0.4695	1.8807
18°	0.3090	0.9511	0.3249	63°	0.8910	0.4540	1.9626
19°	0.3256	0.9455	0.3443	64°	0.8988	0.4384	2.0503
20°	0.3420	0.9397	0.3640	65°	0.9063	0.4226	2.1445
21°	0.3584	0.9336	0.3839	66°	0.9135	0.4067	2.2460
22°	0.3746	0.9272	0.4040	67°	0.9205	0.3907	2.3559
23°	0.3907	0.9205	0.4245	68°	0.9272	0.3746	2.4751
24°	0.4067	0.9135	0.4452	69°	0.9336	0.3584	2.6051
25°	0.4226	0.9063	0.4663	70°	0.9397	0.3420	2.7475
26°	0.4384	0.8988	0.4877	71°	0.9455	0.3256	2.9042
27°	0.4540	0.8910	0.5095	72°	0.9511	0.3090	3.0777
28°	0.4695	0.8829	0.5317	73°	0.9563	0.2924	3.2709
29°	0.4848	0.8746	0.5543	74°	0.9613	0.2756	3.4874
30°	0.5000	0.8660	0.5774	75°	0.9659	0.2588	3.7321
31°	0.5150	0.8572	0.6009	76°	0.9703	0.2419	4.0108
32°	0.5299	0.8480	0.6249	77°	0.9744	0.2250	4.3315
33°	0.5446	0.8387	0.6494	78°	0.9781	0.2079	4.7046
34°	0.5592	0.8290	0.6745	79°	0.9816	0.1908	5.1446
35°	0.5736	0.8192	0.7002	80°	0.9848	0.1736	5.6713
36°	0.5878	0.8090	0.7265	81°	0.9877	0.1564	6.3138
37°	0.6018	0.7986	0.7536	82°	0.9903	0.1392	7.1154
38°	0.6157	0.7880	0.7813	83°	0.9925	0.1219	8.1443
39°	0.6293	0.7771	0.8098	84°	0.9945	0.1045	9.5144
40°	0.6428	0.7660	0.8391	85°	0.9962	0.0872	11.4301
41°	0.6561	0.7547	0.8693	86°	0.9976	0.0698	14.3007
42°	0.6691	0.7431	0.9004	87°	0.9986	0.0523	19.0811
43°	0.6820	0.7314	0.9325	88°	0.9994	0.0349	28.6363
44°	0.6947	0.7193	0.9657	89°	0.9998	0.0175	57.2900
45°	0.7071	0.7071	1.0000	90°	1.0000	0.0000	—

常用对数表(1)

数	0	1	2	3	4	5	6	7	8	9
1.0	.0000	.0043	.0086	.0128	.0170	.0212	.0253	.0294	.0334	.0374
1.1	.0414	.0453	.0492	.0531	.0569	.0607	.0645	.0682	.0719	.0755
1.2	.0792	.0828	.0864	.0899	.0934	.0969	.1004	.1038	.1072	.1106
1.3	.1139	.1173	.1206	.1239	.1271	.1303	.1335	.1367	.1399	.1430
1.4	.1461	.1492	.1523	.1553	.1584	.1614	.1644	.1673	.1703	.1732
1.5	.1761	.1790	.1818	.1847	.1875	.1903	.1931	.1959	.1987	.2014
1.6	.2041	.2068	.2095	.2122	.2148	.2175	.2201	.2227	.2253	.2279
1.7	.2304	.2330	.2355	.2380	.2405	.2430	.2455	.2480	.2504	.2529
1.8	.2553	.2577	.2601	.2625	.2648	.2672	.2695	.2718	.2742	.2765
1.9	.2788	.2810	.2833	.2856	.2878	.2900	.2923	.2945	.2967	.2989
2.0	.3010	.3032	.3054	.3075	.3096	.3118	.3139	.3160	.3181	.3201
2.1	.3222	.3243	.3263	.3284	.3304	.3324	.3345	.3365	.3385	.3404
2.2	.3424	.3444	.3464	.3483	.3502	.3522	.3541	.3560	.3579	.3598
2.3	.3617	.3636	.3655	.3674	.3692	.3711	.3729	.3747	.3766	.3784
2.4	.3802	.3820	.3838	.3856	.3874	.3892	.3909	.3927	.3945	.3962
2.5	.3979	.3997	.4014	.4031	.4048	.4065	.4082	.4099	.4116	.4133
2.6	.4150	.4166	.4183	.4200	.4216	.4232	.4249	.4265	.4281	.4298
2.7	.4314	.4330	.4346	.4362	.4378	.4393	.4409	.4425	.4440	.4456
2.8	.4472	.4487	.4502	.4518	.4533	.4548	.4564	.4579	.4594	.4609
2.9	.4624	.4639	.4654	.4669	.4683	.4698	.4713	.4728	.4742	.4757
3.0	.4771	.4786	.4800	.4814	.4829	.4843	.4857	.4871	.4886	.4900
3.1	.4914	.4928	.4942	.4955	.4969	.4983	.4997	.5011	.5024	.5038
3.2	.5051	.5065	.5079	.5092	.5105	.5119	.5132	.5145	.5159	.5172
3.3	.5185	.5198	.5211	.5224	.5237	.5250	.5263	.5276	.5289	.5302
3.4	.5315	.5328	.5340	.5353	.5366	.5378	.5391	.5403	.5416	.5428
3.5	.5441	.5453	.5465	.5478	.5490	.5502	.5514	.5527	.5539	.5551
3.6	.5563	.5575	.5587	.5599	.5611	.5623	.5635	.5647	.5658	.5670
3.7	.5682	.5694	.5705	.5717	.5729	.5740	.5752	.5763	.5775	.5786
3.8	.5798	.5809	.5821	.5832	.5843	.5855	.5866	.5877	.5888	.5899
3.9	.5911	.5922	.5933	.5944	.5955	.5966	.5977	.5988	.5999	.6010
4.0	.6021	.6031	.6042	.6053	.6064	.6075	.6085	.6096	.6107	.6117
4.1	.6128	.6138	.6149	.6160	.6170	.6180	.6191	.6201	.6212	.6222
4.2	.6232	.6243	.6253	.6263	.6274	.6284	.6294	.6304	.6314	.6325
4.3	.6335	.6345	.6355	.6365	.6375	.6385	.6395	.6405	.6415	.6425
4.4	.6435	.6444	.6454	.6464	.6474	.6484	.6493	.6503	.6513	.6522
4.5	.6532	.6542	.6551	.6561	.6571	.6580	.6590	.6599	.6609	.6618
4.6	.6628	.6637	.6646	.6656	.6665	.6675	.6684	.6693	.6702	.6712
4.7	.6721	.6730	.6739	.6749	.6758	.6767	.6776	.6785	.6794	.6803
4.8	.6812	.6821	.6830	.6839	.6848	.6857	.6866	.6875	.6884	.6893
4.9	.6902	.6911	.6920	.6928	.6937	.6946	.6955	.6964	.6972	.6981
5.0	.6990	.6998	.7007	.7016	.7024	.7033	.7042	.7050	.7059	.7067
5.1	.7076	.7084	.7093	.7101	.7110	.7118	.7126	.7135	.7143	.7152
5.2	.7160	.7168	.7177	.7185	.7193	.7202	.7210	.7218	.7226	.7235
5.3	.7243	.7251	.7259	.7267	.7275	.7284	.7292	.7300	.7308	.7316
5.4	.7324	.7332	.7340	.7348	.7356	.7364	.7372	.7380	.7388	.7396

常用対数表(2)

数	0	1	2	3	4	5	6	7	8	9
5.5	.7404	.7412	.7419	.7427	.7435	.7443	.7451	.7459	.7466	.7474
5.6	.7482	.7490	.7497	.7505	.7513	.7520	.7528	.7536	.7543	.7551
5.7	.7559	.7566	.7574	.7582	.7589	.7597	.7604	.7612	.7619	.7627
5.8	.7634	.7642	.7649	.7657	.7664	.7672	.7679	.7686	.7694	.7701
5.9	.7709	.7716	.7723	.7731	.7738	.7745	.7752	.7760	.7767	.7774
6.0	.7782	.7789	.7796	.7803	.7810	.7818	.7825	.7832	.7839	.7846
6.1	.7853	.7860	.7868	.7875	.7882	.7889	.7896	.7903	.7910	.7917
6.2	.7924	.7931	.7938	.7945	.7952	.7959	.7966	.7973	.7980	.7987
6.3	.7993	.8000	.8007	.8014	.8021	.8028	.8035	.8041	.8048	.8055
6.4	.8062	.8069	.8075	.8082	.8089	.8096	.8102	.8109	.8116	.8122
6.5	.8129	.8136	.8142	.8149	.8156	.8162	.8169	.8176	.8182	.8189
6.6	.8195	.8202	.8209	.8215	.8222	.8228	.8235	.8241	.8248	.8254
6.7	.8261	.8267	.8274	.8280	.8287	.8293	.8299	.8306	.8312	.8319
6.8	.8325	.8331	.8338	.8344	.8351	.8357	.8363	.8370	.8376	.8382
6.9	.8388	.8395	.8401	.8407	.8414	.8420	.8426	.8432	.8439	.8445
7.0	.8451	.8457	.8463	.8470	.8476	.8482	.8488	.8494	.8500	.8506
7.1	.8513	.8519	.8525	.8531	.8537	.8543	.8549	.8555	.8561	.8567
7.2	.8573	.8579	.8585	.8591	.8597	.8603	.8609	.8615	.8621	.8627
7.3	.8633	.8639	.8645	.8651	.8657	.8663	.8669	.8675	.8681	.8686
7.4	.8692	.8698	.8704	.8710	.8716	.8722	.8727	.8733	.8739	.8745
7.5	.8751	.8756	.8762	.8768	.8774	.8779	.8785	.8791	.8797	.8802
7.6	.8808	.8814	.8820	.8825	.8831	.8837	.8842	.8848	.8854	.8859
7.7	.8865	.8871	.8876	.8882	.8887	.8893	.8899	.8904	.8910	.8915
7.8	.8921	.8927	.8932	.8938	.8943	.8949	.8954	.8960	.8965	.8971
7.9	.8976	.8982	.8987	.8993	.8998	.9004	.9009	.9015	.9020	.9025
8.0	.9031	.9036	.9042	.9047	.9053	.9058	.9063	.9069	.9074	.9079
8.1	.9085	.9090	.9096	.9101	.9106	.9112	.9117	.9122	.9128	.9133
8.2	.9138	.9143	.9149	.9154	.9159	.9165	.9170	.9175	.9180	.9186
8.3	.9191	.9196	.9201	.9206	.9212	.9217	.9222	.9227	.9232	.9238
8.4	.9243	.9248	.9253	.9258	.9263	.9269	.9274	.9279	.9284	.9289
8.5	.9294	.9299	.9304	.9309	.9315	.9320	.9325	.9330	.9335	.9340
8.6	.9345	.9350	.9355	.9360	.9365	.9370	.9375	.9380	.9385	.9390
8.7	.9395	.9400	.9405	.9410	.9415	.9420	.9425	.9430	.9435	.9440
8.8	.9445	.9450	.9455	.9460	.9465	.9469	.9474	.9479	.9484	.9489
8.9	.9494	.9499	.9504	.9509	.9513	.9518	.9523	.9528	.9533	.9538
9.0	.9542	.9547	.9552	.9557	.9562	.9566	.9571	.9576	.9581	.9586
9.1	.9590	.9595	.9600	.9605	.9609	.9614	.9619	.9624	.9628	.9633
9.2	.9638	.9643	.9647	.9652	.9657	.9661	.9666	.9671	.9675	.9680
9.3	.9685	.9689	.9694	.9699	.9703	.9708	.9713	.9717	.9722	.9727
9.4	.9731	.9736	.9741	.9745	.9750	.9754	.9759	.9763	.9768	.9773
9.5	.9777	.9782	.9786	.9791	.9795	.9800	.9805	.9809	.9814	.9818
9.6	.9823	.9827	.9832	.9836	.9841	.9845	.9850	.9854	.9859	.9863
9.7	.9868	.9872	.9877	.9881	.9886	.9890	.9894	.9899	.9903	.9908
9.8	.9912	.9917	.9921	.9926	.9930	.9934	.9939	.9943	.9948	.9952
9.9	.9956	.9961	.9965	.9969	.9974	.9978	.9983	.9987	.9991	.9996

正規分布表

次の表は，標準正規分布の分布曲線における右の図の網掛け部分の面積の値をまとめたものである．

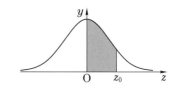

z_0	0.00	0.01	0.02	0.03	0.04	0.05	0.06	0.07	0.08	0.09
0.0	0.0000	0.0040	0.0080	0.0120	0.0160	0.0199	0.0239	0.0279	0.0319	0.0359
0.1	0.0398	0.0438	0.0478	0.0517	0.0557	0.0596	0.0636	0.0675	0.0714	0.0753
0.2	0.0793	0.0832	0.0871	0.0910	0.0948	0.0987	0.1026	0.1064	0.1103	0.1141
0.3	0.1179	0.1217	0.1255	0.1293	0.1331	0.1368	0.1406	0.1443	0.1480	0.1517
0.4	0.1554	0.1591	0.1628	0.1664	0.1700	0.1736	0.1772	0.1808	0.1844	0.1879
0.5	0.1915	0.1950	0.1985	0.2019	0.2054	0.2088	0.2123	0.2157	0.2190	0.2224
0.6	0.2257	0.2291	0.2324	0.2357	0.2389	0.2422	0.2454	0.2486	0.2517	0.2549
0.7	0.2580	0.2611	0.2642	0.2673	0.2704	0.2734	0.2764	0.2794	0.2823	0.2852
0.8	0.2881	0.2910	0.2939	0.2967	0.2995	0.3023	0.3051	0.3078	0.3106	0.3133
0.9	0.3159	0.3186	0.3212	0.3238	0.3264	0.3289	0.3315	0.3340	0.3365	0.3389
1.0	0.3413	0.3438	0.3461	0.3485	0.3508	0.3531	0.3554	0.3577	0.3599	0.3621
1.1	0.3643	0.3665	0.3686	0.3708	0.3729	0.3749	0.3770	0.3790	0.3810	0.3830
1.2	0.3849	0.3869	0.3888	0.3907	0.3925	0.3944	0.3962	0.3980	0.3997	0.4015
1.3	0.4032	0.4049	0.4066	0.4082	0.4099	0.4115	0.4131	0.4147	0.4162	0.4177
1.4	0.4192	0.4207	0.4222	0.4236	0.4251	0.4265	0.4279	0.4292	0.4306	0.4319
1.5	0.4332	0.4345	0.4357	0.4370	0.4382	0.4394	0.4406	0.4418	0.4429	0.4441
1.6	0.4452	0.4463	0.4474	0.4484	0.4495	0.4505	0.4515	0.4525	0.4535	0.4545
1.7	0.4554	0.4564	0.4573	0.4582	0.4591	0.4599	0.4608	0.4616	0.4625	0.4633
1.8	0.4641	0.4649	0.4656	0.4664	0.4671	0.4678	0.4686	0.4693	0.4699	0.4706
1.9	0.4713	0.4719	0.4726	0.4732	0.4738	0.4744	0.4750	0.4756	0.4761	0.4767
2.0	0.4772	0.4778	0.4783	0.4788	0.4793	0.4798	0.4803	0.4808	0.4812	0.4817
2.1	0.4821	0.4826	0.4830	0.4834	0.4838	0.4842	0.4846	0.4850	0.4854	0.4857
2.2	0.4861	0.4864	0.4868	0.4871	0.4875	0.4878	0.4881	0.4884	0.4887	0.4890
2.3	0.4893	0.4896	0.4898	0.4901	0.4904	0.4906	0.4909	0.4911	0.4913	0.4916
2.4	0.4918	0.4920	0.4922	0.4925	0.4927	0.4929	0.4931	0.4932	0.4934	0.4936
2.5	0.4938	0.4940	0.4941	0.4943	0.4945	0.4946	0.4948	0.4949	0.4951	0.4952
2.6	0.4953	0.4955	0.4956	0.4957	0.4959	0.4960	0.4961	0.4962	0.4963	0.4964
2.7	0.4965	0.4966	0.4967	0.4968	0.4969	0.4970	0.4971	0.4972	0.4973	0.4974
2.8	0.4974	0.4975	0.4976	0.4977	0.4977	0.4978	0.4979	0.4979	0.4980	0.4981
2.9	0.4981	0.4982	0.4982	0.4983	0.4984	0.4984	0.4985	0.4985	0.4986	0.4986
3.0	0.4987	0.4987	0.4987	0.4988	0.4988	0.4989	0.4989	0.4989	0.4990	0.4990

〔大学入試 全レベル問題集 数学Ⅰ＋A＋Ⅱ＋B＋C ② 三訂版 別冊問題編〕 森谷 慎司   S4d141